如何做好自然灾害综合风险普查应急管理系统调查

——基于北京市第一次全国自然灾害综合风险普查实践

张晓峰　封亚雪　叶 飞　主编

应急管理出版社

·北　京·

图书在版编目（CIP）数据

如何做好自然灾害综合风险普查应急管理系统调查：基于北京市第一次全国自然灾害综合风险普查实践 / 张晓峰，封亚雪，叶飞主编．--北京：应急管理出版社，2024

ISBN 978-7-5237-0299-4

Ⅰ.①如… Ⅱ.①张… ②封… ③叶… Ⅲ.①自然灾害—风险管理—应急系统 Ⅳ.①X432

中国国家版本馆 CIP 数据核字（2024）第 020249 号

如何做好自然灾害综合风险普查应急管理系统调查

——基于北京市第一次全国自然灾害综合风险普查实践

主　　编 张晓峰　封亚雪　叶　飞
责任编辑 孔　晶
责任校对 李新荣
封面设计 罗针盘

出版发行 应急管理出版社（北京市朝阳区芍药居 35 号　100029）
电　　话 010-84657898（总编室）　010-84657880（读者服务部）
网　　址 www. cciph. com. cn
印　　刷 北京盛通印刷股份有限公司
经　　销 全国新华书店

开　　本 710mm × 1000mm 1/16　**印张** 11　**字数** 144 千字
版　　次 2024 年 3 月第 1 版　2024 年 3 月第 1 次印刷
社内编号 20231294　**定价** 52.00 元

编　委　会

前　　言

人类发展史，就是一部直面自然灾害的奋斗史。面对新阶段我国经济社会发展实际需求，面对新时期我国自然灾害防治工作根本特点，党中央、国务院作出了开展第一次全国自然灾害综合风险普查的重大决策部署。这在新中国史上是第一次，在世界上也是第一次由政府层面组织的大规模灾害风险类调查，是主动出击、主动化解自然灾害风险的重要举措，充分体现了中国共产党以人民为中心的发展思想，体现了面对新形势防灾减灾救灾工作“两个坚持、三个转变”的新理念。其中，应急管理系统调查是第一次全国自然灾害综合风险普查的重要组成部分。

北京市根据国务院第一次全国自然灾害综合风险普查领导小组办公室（简称国务院普查办）总体安排，圆满完成了应急管理系统调查工作任务，取得了较好的工作成绩。

在此，对过去开展的工作、积累的经验进行系统性的总结、分析是十分必要的。鉴于此，北京市科学技术研究院城市安全与环境科学研究所、北京市科学技术研究院城市系统工程研究所、北京市应急管理科学技术研究院等单位联合编写了本书。希望通过本书的介绍，能够为今后普查工作开展提供一个指引和向导；能够为普查工作宣传尽一份力，在营造普查氛围的同时，使更多的民众了解普查的基本情况和重要意义，能够更加全力支持普查，进而间接提升民众的防灾减灾意识水平；能够为其他类型的普查工作组织、任务实施、质量管控、队伍建设、宣传培训等各流程、各环节提供借鉴，这也是我们编写本书的宗旨和目的。为此，我们也确立了本书编写的基本原则：全面性，力求涵盖应急管理系统调查工作的方方面面；系统性，力求应急管理系统调查有关内容与普查总体内容的有机衔接；可读性，力求应急管理系统调查实践内容各模块紧密联系，但又相对独立，便于针对具体任务进行具体查阅；实操性，力求将北京市实践国家层面工作要求讲得清楚、讲得明白。

本书共分为五个章节。第一章介绍了第一次全国自然灾害综合风险普查的总体情况，包括工作背景、目标和意义、主要内容、工作特点及总体技术体系等方面。第二章梳理并总结了北京市第一次全国自然灾害综合风险普查体系建设情况，包括组织领导体系、方案体系、普查工作机制、技术支撑体系、队伍保障体系、培训与宣传工作体系等方面。第三章分任务类别，系统介绍了北京市应急管理系统调查工作的实践经验。第四章介绍了北京市应急管理系统调查数据质量管控工作。第五章介绍了北京市第一次全国自然灾害综合风险普查应急管理系统调查工作的典型经验。

品味与回顾两年多来全流程参与实施的北京市应急

管理系统调查工作，任务很重、困难很多。在国务院普查办大力支持和悉心指导下，在全社会的广泛支持和参与下，北京市应急管理系统调查走了过来、迈了过去，取得了一定的成绩，我们对此进行总结，遂成此书。在此，衷心感谢北京市第一次全国自然灾害综合风险普查领导小组办公室在本书编写过程中给予的大力支持。

限于作者理论水平和实践经验，书中难免有不足之处，敬请广大读者提出批评意见，以便进一步修改完善。

编委会

2023 年 12 月

目　　次

第一章　自然灾害综合风险普查概况 …… 1

第一节　工作背景 …… 1
第二节　工作目标和意义 …… 8
第三节　工作主要内容 …… 10
第四节　普查工作特点及总体技术体系 …… 19

第二章　北京市自然灾害综合风险普查体系建设 …… 22

第一节　组织领导体系建设 …… 22
第二节　方案体系建设 …… 23
第三节　普查工作机制建设 …… 23
第四节　技术支撑体系建设 …… 25
第五节　队伍保障体系建设 …… 26
第六节　培训工作体系建设 …… 28
第七节　宣传工作体系建设 …… 28

第三章　北京市自然灾害综合风险普查应急管理系统调查 …… 32

第一节　总体情况 …… 32
第二节　承灾体调查 …… 36
第三节　减灾能力调查 …… 83
第四节　历史灾害调查 …… 133

第四章　北京市自然灾害综合风险普查质量管控…………147

第一节　质量管控的重大意义…………147
第二节　质量管控工作实施…………147

第五章　北京市自然灾害综合风险普查典型经验介绍…………154

第一节　房山试点“大会战”经验…………154
第二节　普查专班建设经验…………157
第三节　区级调查工作经验…………159

附录　自然灾害普查相关概念…………161
参考文献…………165

第一章　自然灾害综合风险普查概况

第一节　工　作　背　景

一、自然灾害形势严峻复杂

我国孕灾环境复杂，季风气候特征显著、三级阶梯状地形突出、断裂构造发育、河网密布、气候变化敏感，是世界上自然灾害最严重的国家之一。近年来，随着全球气候变暖，我国极端天气气候事件呈现多发频发的态势，高温、洪涝、干旱的风险进一步加剧，地质灾害风险也越来越高。随着经济全球化、城镇化快速发展，各种灾害风险相互交织、相互叠加，导致我国自然灾害面临的形势愈发严峻复杂。2008 年初发生的大范围低温、雨雪、冰冻等自然灾害，20 余个省（自治区、直辖市）均受到影响，因灾死亡 132 人、失踪 4 人，紧急转移安置 166 万人；农作物受灾面积 $11874.2\times10^3\ hm^2$，绝收面积 $1690.6\times10^3\ hm^2$；倒塌房屋 48.5 万间，损坏房屋 168.6 万间；因灾直接经济损失 1516.5 亿元。2008 年，汶川大地震造成 417 个县、4667 个乡镇、48810 个村受灾，受灾人口 4625.6 万人，紧急转移安置 1510.6 万人，因灾死亡 69227 人、失踪 17923 人、受伤 37.4 万人；倒塌房屋 796.7 万间，损坏房屋 2454.3 万间；直接经济损失 8523.09 亿元。2019 年，超强台风“利奇马”共造成浙江、山东等 9 省（市）64 市 403 个县

（市、区）1402.4 万人受灾，因灾死亡 66 人、失踪 4 人，紧急转移安置 209.7 万人；1.5 万间房屋倒塌，13.3 万间房屋受到不同程度损坏；农作物受灾面积 1137×10^3 hm^2，其中绝收 93.5×10^3 hm^2；直接经济损失 515.3 亿元。2020 年，长江淮河特大暴雨洪涝灾害造成安徽、江西、湖北、湖南、浙江、江苏、山东、河南、重庆、四川、贵州 11 省（市）3417.3 万人受灾、99 人死亡、8 人失踪，紧急转移安置 299.8 万人，144.8 万人需紧急生活救助；3.6 万间房屋倒塌，42.2 万间房屋受到不同程度损坏；农作物受灾面积 3579.8×10^3 hm^2，其中绝收 893.9×10^3 hm^2；直接经济损失 1322 亿元。

总体上，我国自然灾害呈现四个方面的特点：一是灾害种类多。近 25 年来，除现代火山活动外，地震、台风、洪涝、干旱、风暴潮、崩塌、滑坡、泥石流、风雹、低温冷冻、森林和草原火灾、赤潮等几乎所有灾害都在我国发生过。二是分布地域广、区域差异大。各省（自治区、直辖市）均不同程度受到自然灾害影响，70% 以上的城市、50% 以上的人口分布在气象、地震、地质、海洋等自然灾害严重的地区；三分之二以上的国土面积受到洪涝灾害威胁。东部、南部沿海地区以及部分内陆省份经常遭受热带气旋侵袭；东北、西北、华北等地区旱灾频发，西南、华南等地的严重干旱时有发生；各省（自治区、直辖市）均发生过 5 级以上的破坏性地震；约占国土面积 69% 的山地、高原区域因地质构造复杂，滑坡、泥石流、山体崩塌等地质灾害频繁发生。三是发生频率高。区域性洪涝、干旱每年都会发生；东南沿海地区平均每年有 7 个热带气旋登陆；我国大陆地震占全球陆地破坏性地震的 1/3，是世界上大陆地震最多的国家；森林和草原火灾时有发生。四是灾害损失重。中国广大城市整体设防水平偏低，广大农村地区对地震、台风、洪水、干旱等灾害几乎不设防，在很大程度上导致“小灾大害”的局面。21 世纪以来，我国平均每年因自然灾害造成的直接经济损失超过 3000 亿元，每年因自然灾害造成的受灾人口超过 3

亿人次。2016—2020 年自然灾害损失情况见表 1-1。

表 1-1　2016—2020 年自然灾害损失情况统计表

<table>
<tr><th>年份</th><th>受灾人口/亿人次</th><th>死亡失踪人口/人</th><th>紧急转移安置人口/万人次</th><th>倒塌房屋间数/万间</th><th>严重损坏房屋间数/万间</th><th>一般损坏房屋间数/万间</th><th>农作物受灾面积/10^3 hm^2</th><th>农作物绝收面积/10^3 hm^2</th><th>直接经济损失/亿元</th></tr>
<tr><td>2016</td><td>1.9</td><td>1706</td><td>910.1</td><td>52.1</td><td colspan="2">334</td><td>2622</td><td>290</td><td>5032.9</td></tr>
<tr><td>2017</td><td>1.4</td><td>979</td><td>525.3</td><td>15.3</td><td>31.2</td><td>126.7</td><td>18478.1</td><td>1826.7</td><td>3018.7</td></tr>
<tr><td>2018</td><td>1.3</td><td>635</td><td>524.5</td><td>9.7</td><td>23.1</td><td>120.8</td><td>20814.3</td><td>2585</td><td>2644.6</td></tr>
<tr><td>2019</td><td>1.3</td><td>909</td><td>528.6</td><td>12.6</td><td>28.4</td><td>98.4</td><td>19256.9</td><td>2802</td><td>3270.9</td></tr>
<tr><td>2020</td><td>1.38</td><td>591</td><td>589.1</td><td>10</td><td>30.3</td><td>147.5</td><td>19957.7</td><td>2706.1</td><td>3701.5</td></tr>
</table>

注：统计数据来源于应急管理部官网。

二、党和政府高度重视自然灾害防治工作

新中国成立以来，党和政府始终高度重视自然灾害防治工作，针对经济社会发展不同阶段，制定了行之有效的防灾减灾救灾方针政策，并实现了“两个转变”，即自然灾害防治工作由新中国成立之初的救灾为主转变为防灾减灾救灾相结合，政府职能从优先于经济目标转变为优先于社会目标。

党的十八大以来，以习近平同志为核心的党中央从党和国家事业发展全局的战略高度，始终强调“把确保人民生命安全放在第一位落到实处”，对加强防灾减灾救灾工作作出了一系列重大决策部署。2016 年 7 月 28 日，习近平总书记在河北省唐山市调研考察时指出，要进一步增强忧患意识、责任意识，坚持以防为主、防抗救相结合，坚持常态减灾和非常态救灾相统一，努力实现从注重灾后救助向注重灾前预防转变，从应对单一灾种向综合减灾转变，从减少灾害损失向减轻灾害风险转变，全面提升全社会抵御自然灾害

的综合防范能力。2017 年，习近平总书记在党的十九大报告中指出，树立安全发展理念，弘扬生命至上、安全第一的思想，健全公共安全体系，完善安全生产责任制，坚决遏制重特大安全事故，提升防灾减灾救灾能力。2018 年 5 月 12 日，习近平总书记向汶川地震十周年国际研讨会暨第四届大陆地震国际研讨会致信中强调，人类对自然规律的认识没有止境，防灾减灾、抗灾救灾是人类生存发展的永恒课题。灾害风险综合防范事关人民生命安全，事关经济社会和生态环境的可持续发展。2018 年 10 月 10 日，习近平总书记主持召开中央财经委员会第三次会议时强调，加强自然灾害防治关系国计民生，要建立高效科学的自然灾害防治体系，提高全社会自然灾害防治能力，为保护人民群众生命财产安全和国家安全提供有力保障。同时，会议提出了九项防灾减灾重点工程，其中，明确提出开展实施灾害风险调查和重点隐患排查工程，掌握风险隐患底数。2019 年 11 月 29 日，习近平总书记主持中央政治局第十九次集体学习时强调，要积极推进我国应急管理体系和能力现代化；健全风险防范化解机制；加强风险评估和监测预警；加强应急预案管理；要实施精准治理，预警发布要精准，抢险救援要精准，恢复重建要精准；抓紧研究制定自然灾害防治方面的法律法规。

习近平总书记关于自然灾害防治的诸多论述，是习近平新时代中国特色社会主义思想的重要组成部分，是树立和践行总体国家安全观重大战略思想的重要举措，深刻体现了中国共产党以人民为中心的价值追求，深刻体现了习近平总书记深厚的为民情怀。习近平总书记关于自然灾害防治重要论述精神，为提升自然灾害防治能力指明了方向，为第一次全国自然灾害综合风险普查工作实施提供了理论指引，以人民为中心的发展思想是第一次全国自然灾害综合风险普查工作实施的根本遵循。

同时，国家相关政策文件持续高位引领并推进自然灾害综合风险普查工作的实施。在 1998 年发布的《中华人民共和国减灾规划（1998—2010 年）》中就提出“制定灾害风险区划；开展灾害综合评估工作，建立科学的灾害评估体系”。《国家综合减灾“十一五”规划》《国家综合防灾减灾规划（2011—2015 年）》《国家综合防灾减灾规划（2016—2020 年）》连续三个防灾减灾五年规划都将开展自然灾害综合风险调查作为防灾减灾工作的主要任务，并列为重点工程。2016 年印发的《中共中央　国务院关于推进防灾减灾救灾体制机制改革的意见》将“开展以县为单位的全国自然灾害综合风险与减灾能力调查，发挥气象、水文、地震、地质、林业、海洋等防灾减灾部门作用，提升灾害风险预警能力，加强灾害风险评估、隐患排查治理”作为推进防灾减灾救灾体制机制改革的重要举措。党的十九届六中全会报告中提出“开展第一次全国自然灾害综合风险普查，推进自然灾害防治重点工程建设”。党的十九届七中全会报告中再次提出“推进全国自然灾害综合风险普查，加强自然灾害防治重点工程建设”。这充分体现了党中央对防灾减灾救灾工作和全国自然灾害综合风险普查工作的高度重视。

三、工作基础保障不断取得进展

（一）自然灾害管理体制、机制、法制保障

2018 年 3 月，根据《深化党和国家机构改革方案》，将国家安全生产监督管理总局的职责，国务院办公厅的应急管理职责，公安部的消防管理职责，民政部的救灾职责，国土资源部的地质灾害防治、水利部的水旱灾害防治、农业部的草原防火、国家林业局的森林防火相关职责，中国地震局的震灾应急救援职责以及国家防汛抗旱总指挥部、国家减灾委员会、国务院抗震救灾指挥部、国家森林防火指挥部的职责整合，组建应急管理部，作为国务院组成部门。应急管理部的组建，标志着我国开始建立由强有力的一个核心部门进行总牵头、各方协调配合的应急管理体制，这有助于打破条块分割、部门分割、地域分割、军地分割的界线，调动政治、思想、组织、人、财、物等各方面资源，形成协调应急的巨大合力，充分发挥“社会主义集中力量办大事”的政治优势和体制优势。应急管

理部的成立为普查工作开展提供了强有力的体制和机制保障。《突发事件应对法》《防震减灾法》《地质灾害防治条例》《防洪法》《森林防火条例》《草原防火条例》《消防法》《森林法》《自然灾害救助条例》《国家突发事件总体应急预案》等自然灾害防治领域相关法律法规，《自然灾害分类与代码》(GB/T 28921—2012)、《中国地震动参数区划图》(GB18306—2015)、《滑坡崩塌泥石流灾害调查规范(1∶50000)》(DZ/T 0261—2014)、《暴雨灾害等级》(GB/T 33680—2017)、《暴雨诱发灾害风险普查规范　山洪》(QX/T 470—2018)、《防洪标准》(GB 50201—2014)等自然灾害防治相关技术标准的颁布、修订为普查工作提供了强有力的法制保障。

（二）技术支撑体系保障

中国地震局马宗晋团队对中国自然灾害综合活动程度和综合危害程度进行了分析。高庆华等分析了全国范围的多灾种区域安全性，对21世纪的中国重大自然灾害风险进行了预估。王静爱等对中国以县级行政区为基本单元的多灾种强度和城市化水平作了评估。华东师范大学殷杰等基于上海城市灾害特征，提出城市灾害综合风险评估的理念，从致灾因子、历史灾情、暴露-易损性和抗灾恢复力等方面选取指标，构建了上海城市灾害综合风险评估指标体系和评估模型。中国科学院地理科学与资源研究所吴绍洪团队先后主持了“多灾种重大自然灾害综合风险评估与防范技术研究”“重点领域气候变化影响与风险评估技术研发与应用”“综合全球环境变化风险防范关键技术研究与示范”等多项相关重点项目与成果，在自然灾害风险定量化评估与未来风险预估等方面取得了一系列成果。中南大学刘爱华分析了城市灾害链形成机理、演化规律，建立了基于复杂网络的灾害链数学模型，人口、建筑物、生命线系统等主要承灾体的灾损敏感性评估模型，多层次的城市应灾能力评价模型、城市技术灾害链风险评估模型，等等。诸多研究机构、专家学者同时也对单灾种风险调查、评估作了广泛深入的研究工作，为普查工作的开展提供了技术理论层面的坚实保障。

1990 年，国家科学技术委员会成立了全国自然灾害综合研究组，对我国地震、气象、洪水、海洋、地质、农、林七大类 35 种自然灾害的概况、特点、规律及发展趋势进行了综合性的全面调研，先后出版了《中国重大自然灾害及减灾对策（总论）》《中国重大自然灾害及减灾对策（年表）》《灾害社会减灾发展——中国百年自然灾害态势与 21 世纪减灾策略分析》《中国重大自然灾害与社会图集》《中国基础减灾能力区域分析》《中国洪水灾后重建》和七大类灾害的全国分布图。1991 年起，在对我国单类与综合自然灾害的强度、频次、受灾体易损性调查分析和预测的基础上，对我国自然灾害区域危险性、灾情、风险开展了量化研究。1992 年出版的《中国自然灾害地图集》(中、英文版)，揭示了中国地震、洪涝等主要自然灾害时空格局；2003 年出版的《中国自然灾害系统地图集》(中、英文对照）中，编制了包括以县域行政单元为主的综合自然灾害孕灾环境、承灾体、致灾因子、灾情、减灾等地图，以及自然灾害、农业自然灾害、城市自然灾害、自然灾害救助等区划；2011 年出版的《中国自然灾害风险地图集》(中、英文对照)中，编制了主要灾害类型的危险性、风险、孕灾环境、承灾体、减灾等方面的全国性和区域性地图。2017 年，民政部国家减灾中心先后在云南盈江、浙江苍南、贵州桐梓开展了全国县域自然灾害综合风险与减灾能力调查试点工作，为普查工作的开展积累了宝贵的经验。

除此，第一次全国地理国情普查、第一次全国水利普查、第三次全国国土调查、第三次全国农业调查、第四次全国经济普查、地震区划与安全性调查、重点防洪地区洪水风险图编制、全国山洪灾害风险调查评价、地质灾害调查、第九次森林资源连续清查、草地资源调查、全国气象灾害普查试点、海岸带地质灾害调查、第七次全国人口普查等专项调查和评估，以及统计部门的各项统计公报为自然灾害综合风险普查工作的开展提供了重要的数据基础支撑。地理信息、遥感、互联网+、云计算、大数据等先进技术的发展和成熟为自然灾害普查能够顺利实施提供了重要工具支撑。

第二节 工作目标和意义

一、工作目标

（一）摸清自然灾害风险隐患底数

全面获取我国地震灾害、地质灾害、气象灾害、水旱灾害、海洋灾害、森林和草原火灾六大类22种灾害致灾信息，以及人口、经济、房屋、基础设施、公共服务系统、三次产业等重要承灾体信息，掌握历史灾害信息，查明区域综合减灾能力。

（二）把握自然灾害风险规律

客观认识当前全国和各地区致灾风险水平、承灾体脆弱性水平、灾害综合风险水平、综合减灾能力和区域多灾种特征，科学预判今后一段时期灾害风险变化趋势和特点，提出自然灾害综合防治区划和防治建议。

（三）构建自然灾害风险防治的技术支撑体系

建立全国自然灾害综合风险调查评估指标体系，形成分区域、分类型的国家自然灾害综合风险基础数据库，健全风险评估与灾害防治区划等技术方法体系，形成适应我国国情的自然灾害综合风险普查工作制度体系。

二、重要意义

第一次全国自然灾害综合风险普查是习近平总书记亲自出题、亲自部署、亲自推动的一项重大国情国力调查，是新中国成立以来首次开展的全国性、综合性自然灾害摸底调查，是落实党中央、国务院关于提高自然灾害防治能力决策部署的重要行动，对于实现中华民族伟大复兴中国梦具有重要意义。

第一，是保障人民群众生命财产安全和社会经济可持续发展的刚性需要。习近平总书记反复强调，要坚持人民至上、生命至上，从根本上消除隐患、从根本上解决问题。要加强对各种风险源的调查研判，推进风险防控工作的科学化、精细化。尽管近些年来，我国抵御自然灾害的综合能力有了大幅提升，但每年仍有大量民众受到其威胁，极端天气事件趋多趋强，灾害发生时空不确定性、复杂性增强，多发、群发、链发特征突出。通过自然灾害综合风险普查，摸清灾害风险隐患底数，查明重点区域抗灾能力，客观认识全国和各地区灾害综合风险水平，有助于系统性掌握灾害演变的规律特点，找出自然灾害防治中存在的短板弱项，夯实自然灾害防治工作基础；有助于更加精细、科学地预测自然灾害风险，更加精准地从根本上采取防控措施，最大限度地防止风险转化为灾难，从源头上保障人民群众生命财产安全；有助于推动灾害风险管理融入区域发展、乡村振兴等重大战略规划，推动实现社会经济可持续发展。

第二，是推进防灾减灾救灾“两个坚持”“三个转变”的重要基础。《中共中央　国务院关于推进防灾减灾救灾体制机制改革的意见》中明确了新时代防灾减灾救灾工作“两个坚持”“三个转变”的新理念、新思想。自然灾害综合风险普查工作，既有对致灾因子、承灾体、历史灾情、减灾资源的全面调查，还包括对单灾种、重点隐患、历史灾情、减灾资源、承灾体、多灾种的评估与区划。工作本身就是坚持以防为主、防抗救相结合，坚持常态减灾和非常态救灾相统一的重要举措。自然灾害综合风险普查的核心任务重点隐患调查与评估体现了从注重灾后救助向注重灾前预防转变。核心任务中同时纳入了单灾种和多灾种综合风险评估与区划，充分体现了从应对单一灾种向综合减灾转变。核心任务中风险区划和防治区划，将为从减少灾害损失向减轻灾害风险转变奠定基础。

第三，是进一步健全和完善应急管理体系的重要路径。2018年，党中央决定组建应急管理部和国家综合性消防救援队伍，对我国应急管理体制进行系统性、整体性重构，推动我国应急管理事业取得历史性成就、发生历史性变革。我国基本形成了统一指挥、专常兼备、反应灵敏、上下联动的中国特色应急管理体制。其中，很突出的一个特征就是一个核心部门总牵头、各方协调配合。但由于我国应急管理体系建设发展整体时间短、基础弱、底子薄，灾害应对过程中也暴露出了定位不清、协调不畅、资源与技术不足等方面的问题。普查工作的开展，将为进一步推进中央与地方、综合与专业、政府与社会防灾减灾救灾体制机制深度融合，进一步磨合和理顺“统与分”“防和救”“行政管理与专业指挥”等关系，进一步建设扩充锻炼防灾减灾救灾专业性队伍，进一步整合防灾减灾各项资源，进一步提升全社会防灾减灾意识水平，提供难得的契机。

第三节　工作主要内容

一、普查范围

（一）普查对象

普查的对象包括与自然灾害相关的自然和人文地理要素，省、市、县各级政府及有关部门，以及乡镇人民政府（街道办事处）、行政村（社区）居委会、企事业单位、社会组织、居民家庭等。

主要灾害种类包括地震灾害、地质灾害、气象灾害、水旱灾害、海洋灾害、森林和草原火灾6个大类，具体见表1-2。

表1-2　普查所涉及的主要灾害种类

序号	灾害大类	灾害小类
1	地震灾害	地震灾害
2	地质灾害	崩塌、滑坡、泥石流
3	气象灾害	暴雨、干旱、台风、高温、低温、风雹、雪灾、雷电、沙尘暴

表 1-2（续）

序号	灾害大类	灾害小类
4	水旱灾害	大江大河洪水、中小河流洪水、山洪灾害、干旱（基于水资源）灾害
5	海洋灾害	风暴潮、海啸、海浪、海平面上升、海冰灾害
6	森林和草原火灾	森林火灾、草原火灾

主要自然灾害重点隐患普查主要针对自然灾害高发、群发等特征，主要承灾体对主要自然灾害高脆弱性和设防不达标等情况在全国范围内开展调查，特别是针对地震灾害房屋和市政设施隐患、地质灾害房屋隐患、洪水灾害道路隐患、海洋灾害的重大基础设施隐患、森林和草原火灾的建筑物隐患进行分析调查。

主要承灾体包括可能遭受自然灾害破坏和影响的人口与经济、房屋建筑、基础设施、民用核设施、矿山（煤矿、非煤矿）、危险化学品产业园、公共服务系统、三次产业和 GDP、资源与环境等。

减灾能力调查对象包括参与综合减灾工作的各级政府及有关部门、企业与社会组织、乡镇人民政府（街道办事处）、行政村（社区）居委会、抽样家庭。

（二）普查时空范围

第一次全国自然灾害综合风险普查实施空间范围为全国各省、直辖市、自治区和新疆生产建设兵团，不含香港特别行政区、澳门特别行政区和台湾省。具体按照在地统计或属地统计的原则开展各项普查任务。

普查调查时段（时点）根据调查内容具体确定，见表 1-3。

表 1-3　调查内容与时段（时点）

序号	调查内容	时段（时点）
1	致灾因子调查	收集 30 年（1990—2020 年）及以上时段连续序列的数据资料，相关信息更新至 2020 年 12 月 31 日

表 1-3（续）

序号	调查内容		时段（时点）
2	承灾体调查		年度时段为 2020 年 1 月 1 日至 2020 年 12 月 31 日，近三年时段为 2018 年 1 月 1 日至 2020 年 12 月 31 日，结束时点为 2020 年 12 月 31 日
3	减灾能力调查		
4	重点隐患调查		
5	历史灾害调查	历史年度自然灾害灾情调查	1978—2020 年
6		重大历史自然灾害调查	1949—2020 年

二、普查内容

第一次全国自然灾害综合风险普查内容主要包括主要自然灾害致灾调查与评估、承灾体调查、历史灾害调查与评估、综合减灾能力调查与评估、自然灾害重点隐患调查与评估、主要自然灾害风险评估与区划、自然灾害综合风险评估与区划七个方面。具体内容见表 1-4 至表 1-10。

表 1-4　主要自然灾害致灾调查与评估内容

序号	灾害类型	任　务　内　容
1	地震灾害	调查与汇集全国已开展相关工作成果，建立全国范围的地震活动断层、场地地震地质条件基础数据库，编制全国 1∶100 万、省级 1∶25万区域地震构造图和部分县级 1∶5 万活动断层分布图。更新全国地震危险性评价系列模型，编制完成全国 1∶100 万、省级 1∶25万地震危险性评价图
2	地质灾害	开展地质灾害易发区 1∶5 万地质灾害调查工作。获得滑坡、崩塌、泥石流等地质灾害致灾因子隐患点空间分布、规模等级、威胁人数、威胁财产等基本信息，建设国家、省、市、县多级地质灾害风险普查数据库。编制全国 1∶100 万、17 个重点防治省（自治区、直辖市）（山西、浙江、福建、江西、湖北、湖南、广东、广西、四川、重庆、贵州、云南、西藏、陕西、甘肃、青海、新疆）省级 1∶25 万地质灾害危险性评价图

表 1-4（续）

序号	灾害类型		任务内容
3	气象灾害		以县级行政区为基本单元，开展全国气象灾害的特征调查和致灾因子、孕灾要素分析。针对主要气象灾害引发的人口死亡、农作物（小麦、玉米、水稻等）受灾、直接经济损失、房屋倒塌、基础设施损坏等影响，全面获取我国主要气象灾害的致灾因子信息、孕灾环境信息和特定承灾体致灾阈值。评估主要气象灾害的致灾因子危险性等级，建立主要气象灾害国家、省、市、县四级危险性基础数据库。编制全国 1∶100 万、省级 1∶25 万、市县级 1∶5 万或 1∶10 万主要气象灾害危险性评价图
4	水旱灾害	洪水灾害	集成全国暴雨频率图、大江大河主要控制断面洪水特征值图表、中小流域洪水频率图
		干旱灾害	以县级行政区为基本统计单元，收集整理供用水、抗旱工程及非工程措施、城镇供水水源情况等基础资料，以及干旱灾害的影响、损失及措施等灾害事件资料
5	海洋灾害		针对沿海区域，全面调查风暴潮、海浪、海啸、海平面上升、海冰等海洋灾害致灾因子、孕灾要素，量化评估风暴潮、海浪、海啸、海平面上升、海冰等海洋灾害危险性，形成 5 个灾种全国 1∶100万、省级 1∶25 万、县级 1∶5 万海洋灾害危险性评价图
6	森林和草原火灾		开展全国森林和草原可燃物调查、野外火源调查和相关气象条件调查，建立森林和草原火灾致灾危险性调查与评估数据库。综合可燃物、野外火源以及气象条件等情况，结合已有资源数据，开展森林和草原火灾隐患和危险性评估，编制全国 1∶100 万、省级 1∶25 万、县级 1∶5 万森林和草原火灾危险性评价图

表 1-5 承灾体调查内容

序号	任务内容		
1	调查	房屋建筑	内业提取房屋建筑单体（户）轮廓，掌握其地理位置、占地面积信息；外业实地调查房屋建筑面积、结构、建筑年代、用途、层数、使用、设防情况等信息

表 1-5（续）

序号	任务内容		
2	调查	基础设施	针对交通、能源、通信、市政、水利等重要基础设施，共享整合各类基础设施分布和部分属性数据库，通过外业补充性调查基础设施空间分布和属性信息（地理位置、类型、数量、设防情况等）
3		民用核设施	核查民用核设施的抗震设防标准、洪水设防标准、台风防护等主要自然灾害防护要求执行情况，调查和统计民用核设施自然灾害防护达标情况
4		矿山（煤矿、非煤矿山）、危险化学品企业（产业园）	调查矿山（煤矿、非煤矿山）、危险化学品企业（产业园）空间位置和设防信息
5		公共服务系统	调查学校、医院、福利院等公共服务的人员情况、功能和服务情况、应急保障能力等信息
6		三次产业要素	共享利用最新经济普查成果，掌握行政单元二、三产业固定资产价值信息；调查第三产业中大型商场和超市等对象的空间位置、人员流动、服务能力等信息
7		资源与环境要素	共享地图系统、整理其所含地形信息，共享整理第三次全国国土调查形成的土地利用现状分布图及相关资料；共享整理最新森林、草原资源普查的本底数据
8	数据整理	人口、经济	利用人口普查、经济普查、各级政府年度统计资料，共享整理行政单元人口、GDP、农作物（小麦、玉米、水稻等）等统计数据，制作全国人口和 GDP 格网分布图
9	重置成本评估	固定资产重置成本评估	调查全国典型地区房屋建筑重置价格，搜集权威部门不同类型承灾体重置价格信息，以规则网格为单元，通过模型模拟生成全国固定资产重置成本规则网格（地市级）分布图

表 1-6　历史灾害调查与评估内容

序号	任务内容		
1	调查	历史年度自然灾害灾情调查统计	调查 1978—2020 年各县级行政区逐年各类自然灾害的年度灾害灾情信息（灾害基本信息、损失信息、救灾工作信息、社会经济信息）
2		重大历史自然灾害调查	调查 1949—2020 年全国重大自然灾害事件的灾害信息（事件强度、范围等基本信息，灾害损失与应对信息，救灾与恢复重建等信息）
3	评估	历史年度自然灾害灾情评估	评估 1978—2020 年发生的年度自然灾害灾情（年度每十万人受灾人口、年度每十万人死亡人口、年度直接经济损失、年度直接经济损失占 GDP 比重）

表 1-7　综合减灾能力调查与评估内容

序号	任务内容		
1	调查	政府减灾能力调查	调查国家、省、市、县级政府涉灾管理部门、各类专业救援救助队伍、救灾物资储备库（点）、应急避难场所、地震灾害监测站点、地质灾害监测站点和防治工程、气象灾害监测站点、海洋灾害监测站点和防治工程、水文站点与水旱灾害防治工程、森林和草原火灾监测预警站点和防治工程的基本情况、人员队伍情况、资金投入情况、装备设备和物资储备情况
2		企业和社会组织减灾能力调查	调查有关企业救援装备、保险与再保险企业减灾能力和社会组织减灾能力
3		乡镇（街道）和社区（行政村）减灾能力调查	调查乡镇（街道）和社区（行政村）基本情况、人员队伍情况、应急救灾装备和物资储备情况、预案建设和风险隐患掌握情况等内容
4		家庭减灾能力调查	抽样调查家庭居民的自然灾害风险和识别能力、自救和互救能力等

表 1-7（续）

序号	任务内容		
5	评估	综合减灾能力评估与制图	开展全国、省、市、县四级行政单元政府综合减灾能力评估，建立综合减灾能力数据库，编制综合减灾能力调查和评估结果图

表 1-8　自然灾害重点隐患调查与评估内容

序号	任务内容		
1	调查	地震灾害	调查可能引发重大人员伤亡或阻碍社会运行的承灾体，并确定隐患等级
2		地质灾害	根据地质灾害隐患点活动性和危害性，对地质灾害隐患点进行定性评价和等级划分，掌握地质灾害隐患及威胁对象的动态变化情况，更新地质灾害数据库
3		洪水灾害	调查水库工程、水闸工程、堤防工程、国家蓄滞洪区的现状防洪能力、防洪工程达标情况或安全运行状态
4		海洋灾害	围绕漫滩、漫堤、溃堤、管涌等主要致灾特征，在对可能影响的全国沿海海岸带（从海岸线向陆一侧延伸至海拔 10 m 等高线，且纵深不超过 10 km，重点河口区域延伸至沿海县，向海延伸至领海基线）海水养殖、渔船渔港、滨海旅游区、海岸防护工程（海堤）等重点承灾体开展隐患调查评估
5		森林和草原火灾	针对林区、牧区范围内的房屋建筑、防火设施等重要承灾体开展承灾体隐患评估；针对设防工程达标情况、减灾能力建设情况等开展减灾能力隐患评估；结合致灾孕灾危险性等级和减灾能力薄弱隐患等级，开展综合隐患评估，确定各类隐患等级

表 1-8（续）

序号	任　务　内　容		
6	评估	自然灾害综合隐患评估与制图	集成各部门自然灾害致灾危险性及承灾体隐患调查与评估数据，形成重点隐患综合评估基础数据集。针对地震灾害、地质灾害、台风灾害、洪水灾害、风暴潮灾害、森林和草原火灾，基于致灾隐患属性特征数据，利用空间聚类等方法开展多灾种致灾隐患分区分类分级。基于建筑物、重要基础设施及重大工程等主要承灾体重点隐患属性特征，开展区域承灾体隐患统计评估和分类分区

表 1-9　主要自然灾害风险评估与区划内容

序号	任　务　内　容	
1	地震灾害	制定地震灾害风险评估与区划技术规范体系。建立典型房屋建筑、生命线工程地震易损性数据库，结合地震危险评价成果和房屋建筑普查成果，评估房屋建筑地震破坏直接经济损失与人员伤亡风险，给出不同概率地震灾害风险评估结果，编制全国1∶100万、省级1∶25万地震人口和直接经济损失风险区划图
2	地质灾害	制定地质灾害风险评估与区划技术规范体系。针对崩塌、滑坡、泥石流等地质灾害，开展区域风险评估与区划，判定风险等级，编制全国1∶100万、省级1∶25万、市级1∶10万、县级1∶5万地质灾害区域风险和防治区划图，其中行政区内灾害点总数小于50处的市、县视情况编制地质灾害区域风险和防治区划图；开展全国1∶100万、省级1∶25万地质灾害人口、经济（GDP）风险评价
3	气象灾害	制定气象灾害风险评估与区划技术规范体系。针对台风、干旱、暴雨、高温、低温冷冻、风雹、雪灾和雷电灾害，评估气象灾害人口、经济、房屋建筑等主要承灾体脆弱性；评估国家、省、市、县四级各类承灾体遭受主要气象灾害的风险水平，编制全国1∶100万、省级1∶25万气象灾害人口、经济（GDP）风险区划图

表 1-9（续）

序号	任务内容		
4	水旱灾害	洪水灾害	制定洪水灾害风险评估与区划技术要求。开展标准格网尺度重点防洪区洪水风险评估与制图。开展洪水风险区划、洪水灾害防治区划
5		干旱灾害	制定干旱灾害风险评估与区划技术要求。以县级行政区为评估单元，开展干旱频率分析、旱灾影响分析等，评估干旱灾害风险。开展干旱灾害风险区划和干旱灾害防治区划
6	海洋灾害		制定海洋灾害风险评估与区划技术规范体系。针对风暴潮、海浪、海啸、海冰、海平面上升等海洋灾害，评估沿海地区不同空间单元脆弱性等级；结合各类海洋灾害的危险性，综合评估沿海地区不同空间单元的海洋灾害风险等级，编制海洋灾害人口和经济（GDP）风险区划图。开展海洋灾害防治区划，划定海洋灾害重点防治区域
7	森林和草原火灾		制定森林和草原火灾风险评估与区划技术规范体系。针对森林和草原火灾可能造成的森林草原资源、建筑物、人口、经济等承灾体损失的大小及不确定性，开展森林和草原火灾综合风险评估，编制森林和草原火灾风险要素图和风险评估专题图

表 1-10　自然灾害综合风险评估与区划内容

序号	任务内容	
1	技术规范体系建设	调查和评价主要自然灾害风险，分析本次普查获取的主要自然灾害和隐患调查数据、区域综合减灾能力和社会人口经济统计数据，在已有行业标准规范和成果基础上，制定自然灾害综合风险评估与区划技术规范体系
2	自然灾害综合风险评估	在全国范围内基于主要自然灾害风险调查、评估以及承灾体调查成果，通过多种方法评估全国、省、市、县地震、地质、气象、水旱、海洋、森林和草原火灾等主要灾害影响下的主要承灾体［人口、经济（GDP）、农作物（小麦、玉米、水稻）、房屋、公路］的风险，厘清多尺度、多灾种、多承灾体风险格局

表 1-10（续）

序号	任务内容	
3	自然灾害综合风险区划	基于主要自然灾害综合风险评估成果，综合考虑孕灾环境、致灾因子和承灾体的差异性，通过定量区划方法进行区域划分，形成以主要自然灾害历史灾情、危险性和主要承灾体综合风险评估成果为依据、具有区域特征的全国、省、市、县级自然灾害综合风险区划
4	自然灾害综合防治区划	依据综合减灾能力评估、综合隐患评估、单灾种防治区划，在自然灾害综合风险评估基础上，考虑不同致灾因子对不同承灾体影响的预防和治理特点；认识区域自然灾害防治分异特征，进行自然灾害综合防治区域划分，制定全国、省、市、县级各级行政区的自然灾害综合防治区划
6	自然灾害综合风险评估与区划成果库建设	建立自然灾害综合风险制图规范，以数据、文字、表格和图形等形式对全国、省、市、县级相应行政区域的自然灾害综合风险评估与区划成果进行汇总整编，建设全国 1∶100 万、省级 1∶25 万、部分市县级 1∶5 万或 1∶10 万自然灾害综合风险评价图、综合风险区划图、综合防治区划图成果库

第四节　普查工作特点及总体技术体系

一、普查工作特点

第一次全国自然灾害综合风险普查总体上看具有“三个首次”的基本特征：首次实现风险要素调查、风险评估、风险区划和综合防治区划的全链条式普查；首次实现致灾部门数据和承灾体部门数据的有效融合；首次实现在统一的技术体系下开展单灾种和综合风险评估与区划。这也就决定了普查工作综合性强、专业要求高、涉及范围广、统筹难度大的工作特点。

二、总体技术体系

第一次全国自然灾害综合风险普查遵循“调查–评估–区划”的基本框架开展（图 1–1），三个环节是一个有机的整体。调查是对自然灾害综合风险各要素的调查，包括主要自然灾害致灾因子、承灾体、孕灾环境、历史灾害灾情、减灾能力、重点隐患调查六个方面。评估是在调查数据的基础上，针对单灾种与区域多灾种综合开展风险评估。区划是在评估的基础上，从自然灾害防治的角度进行区域划分，包括单灾种与区域多灾种综合防治区划两个部分。其中，调查是评估和区划的数据基础，目的是为了获取自然灾害综合风险各要素的数据，摸清自然灾害风险要素的底数。评估是客观认识自然灾害风险和隐患的重点，目的是为了查明防灾减灾抗灾救灾的能力，掌握自然灾害隐患的状况，了解历史自然灾害灾情的变化，认识区域自然灾害风险的水平与规律。区划是自然灾害综合风险普查的重要目标，目的是对一个区域围绕自然灾害综合风险特征或单灾种、区域多灾种综合防治的需要而进行的区域划分，支撑区域自然灾害防治空间规划和防治投入的重点布局，包括自然灾害综合风险区划和综合防治区划两类。

普查工作主要依据国务院普查办组织制定的技术规范来开展。共包括 48 项调查类技术规范和 59 项评估类技术规范。其中，调查类技术规范包括地震灾害 3 项，地质灾害 1 项，气象灾害 10 项，水旱灾害 5 项，海洋灾害 4 项，森林和草原火灾 6 项，房屋建筑 2 项，市政设施 1 项，交通设施（公路、水路）2 项，核设施（核技术利用单位、核燃料循环设施、核电厂、研究堆）4 项，减灾能力 4 项，历史灾害灾情 2 项，煤矿、非煤矿 2 项，危险化学品 1 项，公共服务设施 1 项。评估类技术规范包括地震灾害 3 项，地质灾害 1 项，气象灾害 10 项，水旱灾害 3 项，森林和草原火灾 10 项，海洋灾害 7 项，煤矿、非煤矿 2 项，自然灾害综合隐患 4 项，历史灾害灾情 1 项，减灾能力 5 项，综合风险评估与区划 7 项，其他 6 项。

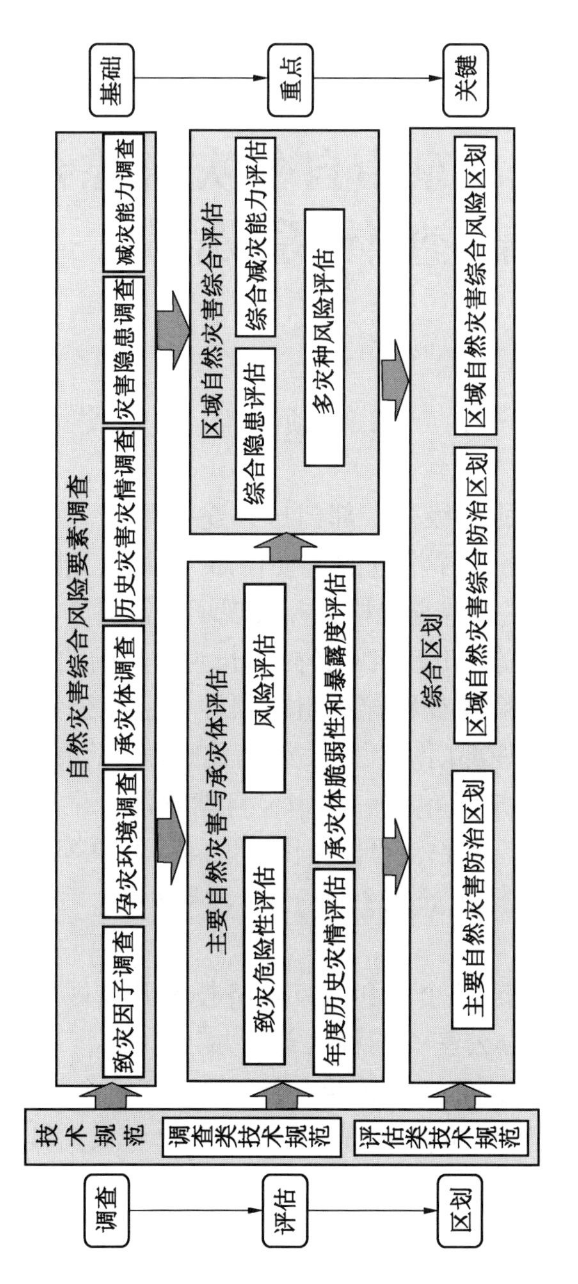

图1-1　第一次全国自然灾害综合风险普查基本框图

第二章　北京市自然灾害综合风险普查体系建设

第一节　组织领导体系建设

普查工作涉及的层级多，部门广，建立强有力的组织领导体系，是保证普查任务有序推进的重要保障。对此，北京市建立市-区-乡镇（街道）三级普查机构，并实现了全覆盖。

市级层面：成立以市政府常务副市长为组长的北京市第一次全国自然灾害综合风险普查领导小组，领导小组办公室（简称市普查办）设在应急管理部门。领导小组涵盖财政、发展改革、教育、经信、民政等26个成员单位。其中，自然资源、生态环境、住房和城乡建设、交通、水务、园林绿化、地震、气象等主要成员部门成立了由主要领导任组长的行业普查领导小组，强化行业纵向指导。

区级层面：全市16个区和北京经济技术开发区均成立了区级普查领导小组及其办公室（简称区普查办）。

乡镇（街道）层面：全市343个乡镇（街道）全部组建了普查工作机构，指定专人负责普查工作。同时，积极动员村民委员会和居民委员会设立普查工作小组。

市、区两级普查办均建立了普查专班，并实行实体化集中办公，负责普查办的具体业务和日常管理。

第二节　方案体系建设

普查方案是引领普查工作采用科学的技术方法、沿着正确的技术路径、夯实各方面工作保障、全面完成各项工作任务的纲领性文件。普查实施过程中，北京市形成了“1+1+8+17”的普查方案体系。

第一个“1”即1个总体方案，通过总体方案对普查的范围、内容、路线、方法、分工、实施等方面给出刚性的制度安排，从整体性和系统性两个方面全面落实普查的各项要求。第二个“1”即1个实施方案，通过实施方案对普查的标准、流程、措施、进度、成果、质量等方面给出专业性的要求，明确各项普查任务的关系网、路线图和时间表。同时，对各项普查任务进行细分，逐级逐项分解细化工作内容，明确牵头部门、具体成果形式和时间进度安排，确保各项普查任务可落地、可检验、可督查。“8”即自然资源、生态环境、住房和城乡建设、交通、水务、园林绿化、地震、气象8个行业部门分别制定印发行业普查实施分方案，进一步压实区级行业部门工作任务，强化技术指导。“17”即全市16个区及北京经济技术开发区在市级方案的基础上，根据工作实际，编制印发各区普查工作方案和实施细则，为各区普查工作提供遵循。

第三节　普查工作机制建设

北京市在普查实施过程中，边摸索、边固化，形成了5项主要工作机制，分别是工作调度机制、调研指导机制、信息报送机制、数据共享管理机制、督导考核机制。

一、工作调度机制

通过召开普查领导小组全体会，对普查工作进行全面动员部署、研究解决普查工作重大事项。通过召开普查办主任办公会，传达党中央、国务院、市委、市政府领导同志对普查工作的重要指示和要求，总结阶段性工作情况，通报工作进度，研究工作中的重要问题，部署、安排有关工作事项。通过召开普查办专题会，落实市普查领导小组全体会、主任办公会的决定，协调处理工作中的具体问题，提出解决方案或意见建议。通过召开区级视频答疑会，及时传达国务院普查办最新的工作要求，研讨部署具体工作任务，针对阶段性普查工作任务中存在的具体问题，及时进行答疑解惑。通过召开项目调度会，重点研究项目实施进度、存在的问题和困难，以及下阶段重点工作计划。

二、调研指导机制

调研指导突出阶段性、精准性、实效性，主要定位于针对普查工作中出现的问题，通过实地一线的调查研究，提出切实可行的解决方案，推进普查工作实施。

三、信息报送机制

普查信息报送机制旨在保障及时、全面掌握全市普查工作动态，系统性谋划好下一阶段重点工作任务。信息报送一是突出全面性，内容包括普查工作涉及的人员、经费、工作进展、存在的问题等方方面面。二是突出灵活性，针对不同阶段重点工作任务的不同，对报送的信息内容及时进行调整、优化。如在普查工作筹备期间，重点关注各级普查机构组建、方案编制、系统部署、队伍建设、资金保障等方面；在普查调查阶段，重点关注国家部署要求落实情况、任务推进、质量控制等方面；在评估区划阶段，重点关注数据汇交和共享、任务进度、成果衔接、成果解读、成果应用实例等方面。三是突出时效性，根据信息类型不同，科学设定日报送、周报送、双周报送、月度报送等报送时限。

四、数据共享管理机制

普查工作各阶段任务、各分项任务间关联性、制约性强。北京市建立了数据与成果的共享管理机制，坚持统筹管理、按需共享、保障安全的原则，由市普查办统一做好数据汇集、分发、共享。市普查办领导小组各成员单位和各区按照使用部门提出申请，数据生产部门与市普查办联合审核的方式进行数据共享。

五、督导考核机制

北京市通过“一书三函”来强化对普查工作的督导。“一书”为工作简报，“三函”为工作督办函、工作通报函、工作提示函。通过将普查工作列入政府工作报告，作为对各区、各有关部门绩效考核指标，强化普查工作考核。

第四节　技术支撑体系建设

针对普查工作涉及行业多、要素多、环节多，技术要求高，综合难度大的现实特点，一方面，北京市十分注重发挥技术专家的专业技术优势，按照“总+分”的模式成立了普查工作技术组，承担全市普查工作技术统筹、技术把关、技术指导、技术攻关的相关职责。如统筹组织开展市级实施方案编制；指导各区、各行业开展工作落实方案、实施细则编制；从技术层面统筹推进普查数据共享、汇交；召开技术组总体会，对普查成果质量进行技术论证；召开技术组专题会，研究解决普查工作中的技术难题；深入基层一线开展普查技术指导；深度参与普查评估与区划、成果应用等。技术组下设 1 个技术总体组，办公室设在北京市普查专班，重点发挥技术统筹、技术把关方面的作用，尤其是涉及多部门、多层级时的技术衔接，推进普查成果应用过程中的技术攻关；技术组还下设自然资源技术分组、生态环境技术分组、住房和城乡建设技术分组、交通技术分组、水务技术分组、应急管理技术分组、园林绿化技术分组、地震技术分组、气象技术分组，重点在行业普查任务实施过程中发挥好技术指导、技术把关的作用，推进普查工作高效保质完成。技术组全面涵盖普查工作所涉及的地震灾害、地质灾害、气象灾害、水旱灾害、森林火灾等主要致灾因子，房屋建筑、公路、市政道路、市政供水设施、公共服务设施、安全生产设施等承灾体，减灾能力，历史灾情等各相关专业专家。

另一方面，北京市在普查技术支撑体系建设过程中，坚持立足当前普查任务，着眼中长期灾害防治需求的基本原则，广泛集聚在京防灾减灾领域高校、科研院所、企业和社会组织等第三方技术团队力量，长期稳定、深度参与并支撑普查工作全链条、全流程、各环节的实施过程，在保障顺利完成普查任务的同时，锻炼一支能够长期支撑防灾减灾救灾实践工作的技术队伍。

第五节　队伍保障体系建设

鉴于普查任务繁重、时间紧迫的特点，北京市广泛动员，按照“综合+专业”相结合的原则，组建了普查“两员”队伍，分别为普查员和普查指导员，普查指导员又分为综合指导员和专业指导员。综合指导员多由乡镇（街道）工作人员担任，熟悉所普查乡镇（街道）实际情况；专业指导员多由行业部门专职人员担任，文化程度普遍较高，专业性强。其中，普查员主要负责数据采集、上报、质检核查；综合指导员主要负责统筹协调一定区域内的普查工作，推动区域内的各项调查任务有序开展；专业指导员主要负责对普查员的工作进行组织、指导和质量控制，确保专项任务按时完成，质量达到规定的标准。

“两员”队伍由区级层面进行选聘，区普查办按照每个乡镇（街道）至少配备一名综合指导员的标准开展综合指导员的选聘；

区级行业部门按照调查任务涉及的乡镇（街道）至少配备一名专业指导员，涉及的村（社区）至少配备一名普查员的标准开展专业指导员和普查员的选聘。“两员”队伍经过培训和能力测试合格后上岗，上岗前还需签订《第一次全国自然灾害综合风险普查保密承诺书》，上岗时主动出示由培训部门颁发的全市统一样式的证件。相关证件样式如图 2-1 至图 2-3 所示。

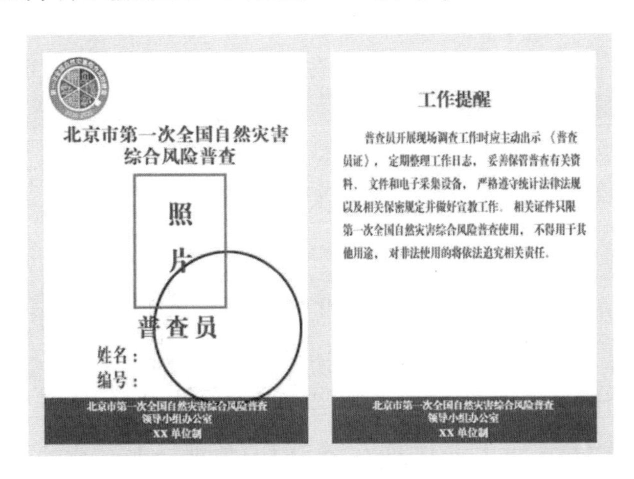

图 2-1　普查员证件样式

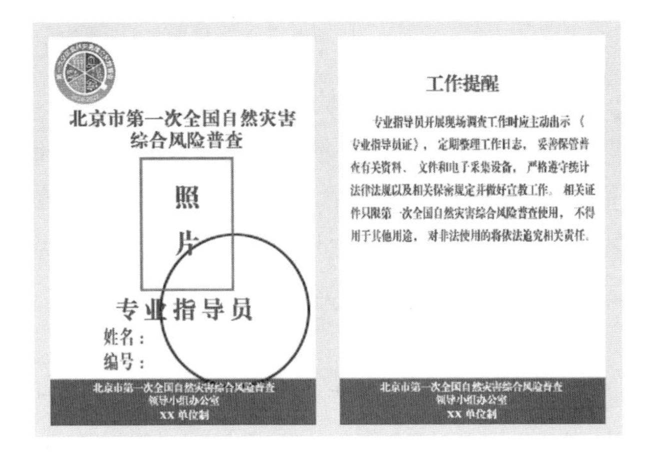

图 2-2　专业指导员证件样式

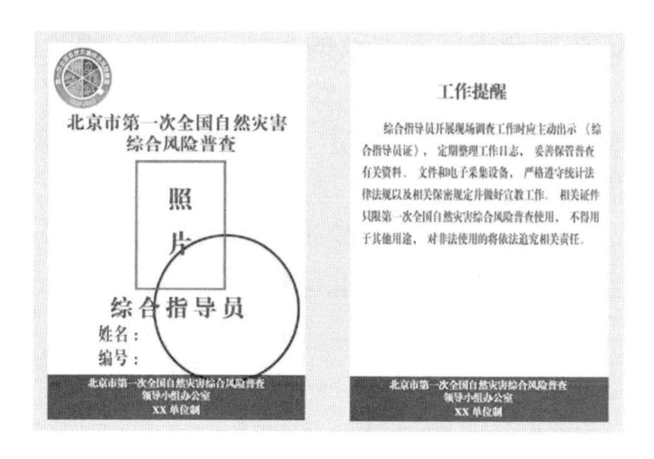

图 2-3　综合指导员证件样式

第六节　培训工作体系建设

北京市建立了“分层分级、分时分类”推进的普查培训工作体系。“分层分级”主要体现在条和块的划分上，市、区两级普查办从普查总体统筹、普查任务管理等层面组织开展相关培训工作，确保全市普查工作目标统一、进度一致、任务有序协同；市、区两级行业部门结合各自的工作职责、工作任务，自行组织开展行业相关培训工作。“分时分类”主要体现在根据任务类别不同，分别组织相关的专题培训工作，如在普查动员部署期间，培训内容更多侧重于普查背景、目的意义、主要内容、方案编制、预算申请、实施步骤；在普查实施期间，主要针对技术规范、技术方法、具体流程中的某个或某些具体环节开展相关培训，等等。

第七节　宣传工作体系建设

为赢得全社会对普查工作的支持，同时，以普查工作为契机，宣传防灾减灾救灾知识，提升全社会防灾减灾意识，北京市广泛开展了一系列普查宣传活动，积极构建普查宣传矩阵。

一、坚持广泛动员

在普查工作启动初期，举行普查新闻发布会，向全社会发布普查相关情况，动员全社会支持普查。充分利用“10・13”国际减轻自然灾害日、“5・12”防灾减灾日、全国中小学生安全教育日、“7・28”唐山大地震纪念日、“3・23”气象日等特殊时段，开展线上线下普查宣传专题活动。制作并张贴或发放宣传海报（图2-4）、宣传手册，悬挂宣传横幅、展板，营造普查氛围；充分发挥

图2-4　普查宣传海报样例

北京广播电视台、歌华有线、公交地铁移动电视等媒体受众面广的优势，滚动播放国务院普查办制作的普查公益宣传片和市普查办制作的普查宣传动漫。除此之外，在歌华有线数字电视开机画面设置普查宣传口号展播。

二、拓展宣传渠道

上线北京市第一次全国自然灾害综合风险普查专题网站，秉持为全市自然灾害综合风险普查工作宣传服务的宗旨，及时传递全市普查工作新闻资讯、工作动态、普查经验，发布和解读普查工作相关文件，开展互动交流，宣传普查先进典型，全面反映市普查工作开展落实情况，打造普查常态化宣传主阵地。在集中宣传阶段，除齐聚大量形式多样的线上、线下宣传活动外，编制并在北京日报（传统媒介）和央视新闻、学习强国、市人民政府官网、中新网、

摸清灾害风险惠及万家生活

--北京市第一次全国自然灾害综合风险普查领导小组办公室致市民朋友的一封信

尊敬的市民朋友：

您好！

为全面掌握我国自然灾害风险隐患情况，提升全社会抵御自然灾害的综合防范能力，国务院决定于2020 年至2022 年开展第一次全国自然灾害综合风险普查。通过开展普查，客观认识本市自然灾害综合风险水平，为有效开展自然灾害防治工作，切实保障经济社会可持续发展提供权威的灾害风险信息和科学决策依据。积极参与自然灾害综合风险普查是每个公民的义务，您为自然灾害综合风险普查提供的信息，能为本市自然灾害防治体系和防治能力现代化提供助力支撑。

本次普查涵盖与自然灾害相关的自然和人文地理要素。我们生活环境中可能存在的地震灾害、地质灾害、水旱灾害、气象灾害、森林火灾等自然灾害致灾因子，与我们息息相关的房屋、基础设施、公共服务系统等单体信息和区域性特征，重点企业抵御灾害能力，各级各类组织机构和家庭的综合减灾能力，都是这次普查的对象。

本次普查标准时点为2020 年12 月31 日，目前已进入全面调查阶段，部分调查工作将采取普查员入户登记的方式，由普查员佩戴各区人民政府普查机构统一制发的证件入户开展工作。

风险普查人人尽力，减轻灾害家家受益。

您的支持配合，是自然灾害综合风险普查取得成功的关键。我们将严格遵守《中华人民共和国统计法》的规定，对您提供的信息予以保密。

普查员的入户登记可能会占用一些您的休息时间，在此，真诚地感谢您在百忙中抽出宝贵时间参与自然灾害综合风险普查工作，让我们一起防范灾害风险，共同构建安全家园。

祝工作顺利、阖家幸福！

北京市第一次全国自然灾害综合风险
普查领导小组办公室

图 2-5　致市民朋友的一封信

北京日报、新京报客户端、北青网、市应急管理局官网及官方微信公众号、普查专题网站、区应急管理局微信公众号等新媒体，刊登或转发“致市民朋友的一封信”（图 2–5）。

三、创新宣传形式

结合普查工作专业性强的工作特点，推出“大家说普查”系列宣传活动。邀请国务院普查办专家、北京市相关领域学者、参与风险普查工作第三方技术支撑单位人员、部分北京市普查领导小组成员单位相关人员、各区普查办及一线普查工作人员等结合工作实际，用浅显、平实的语言共话普查。开展普查“北京经验”宣传专题活动，在《中国减灾》《城市与减灾》《中国应急管理报》《北京日报》《自然资源报》等期刊报纸刊发文章，并在《城市与减灾》杂志专门策划编发了一期“第一次全国自然灾害综合风险普查”专刊，等等。

第三章　北京市自然灾害综合风险普查应急管理系统调查

第一节　总　体　情　况

根据国务院普查办统一部署安排，调查工作根据普查区划边界范围具体实施。北京市普查区划涵盖北京市全域，包括16个行政区和北京经济技术开发区（特殊区划）。

在全国层面，应急管理系统调查内容包括承灾体、减灾能力、历史灾害3个大类、10个中类和37个小类。在北京市层面，由于不存在部分类别的调查对象，应急管理系统调查内容包括承灾体、减灾能力、历史灾害3个大类、9个中类和33个小类。北京市应急管理系统调查任务汇总见表3-1。

表3-1　北京市应急管理系统调查任务汇总表

序号	调查大类	调查中类	调查小类	组织填报单位	全国范围	北京市
1	承灾体	公共服务设施	学校	教育部门	√	√
2			医疗卫生机构	卫健部门	√	√
3			提供住宿的社会服务机构	民政部门	√	√
4			公共文化场所	文化旅游部门、宣传等部门和科协等社会组织	√	√

表 3-1（续）

序号	调查大类	调查中类	调查小类	组织填报单位	全国范围	北京市
5	承灾体	公共服务设施	旅游景区	文化旅游部门	√	√
6			星级饭店	文化旅游部门	√	√
7			体育场馆	体育部门	√	√
8			宗教活动场所	统战部门	√	√
9			大型超市、百货店和亿元以上商品交易市场	商务部门	√	√
10			县域基础指标统计	统计部门	√	√
11			乡（镇）基础指标统计	统计部门	√	√
12		危险化学品企业	化工园区	区级人民政府或化工园区管委会	√	√
13			企业基础信息	化工园区管委会或应急管理部门	√	√
14			加油加气加氢站	应急管理部门或城市管理部门	√	√
15		煤矿	煤矿	应急管理部门	√	×
16		非煤矿山	金属非金属地下矿山	应急管理部门	√	×
17			金属非金属露天矿山	应急管理部门	√	√
18			尾矿库	应急管理部门	√	√
19	减灾能力	政府减灾能力	政府灾害管理能力	应急管理、地震、气象、水利、自然资源（地质）、园林绿化、农业农村、交通、住房和城乡建设、科学技术等部门	√	√
20			政府专职和企事业专职消防队伍与装备	应急管理部门、消防救援部门	√	√
21			森林消防队伍与装备	应急管理部门	√	√

表 3-1（续）

序号	调查大类	调查中类	调查小类	组织填报单位	全国范围	北京市
22	减灾能力	政府减灾能力	航空护林站队伍与装备	应急管理部门、园林绿化部门	√	√
23			地震专业救援队伍与装备	应急管理部门、消防救援部门	√	√
24			矿山/隧道行业专业救援队伍与装备	应急管理部门	√	×
25			危化/油气行业救援队伍与装备	应急管理部门	√	√
26			海事救援专业队伍与装备	交通运输部门	√	×
27			救灾物资储备库（点）	应急管理、粮食和物资储备等部门	√	√
28			应急避难场所	应急管理、地震、人防等部门	√	√
29			地质灾害监测和工程防治	自然资源（地质）部门	√	√
30		企业与社会组织减灾能力	大型企业救援装备和专职救援队伍	应急管理部门、市场监督管理部门	√	√
31			保险和再保险企业	应急管理部门、银保监部门	√	√
32			社会组织	应急管理部门、民政部门、红十字会	√	√
33		乡镇与社区减灾能力	乡镇（街道）	应急管理部门	√	√
34			社区（行政村）	应急管理部门或乡镇（街道）	√	√
35		家庭减灾能力	—	应急管理部门或乡镇（街道）、社区	√	√

表 3-1（续）

序号	调查大类	调查中类	调查小类	组织填报单位	全国范围	北京市
36	历史灾害	历史年度自然灾害灾情	—	应急管理、民政、统计、园林绿化、地方史志办公室等部门	√	√
37		重大历史自然灾害	—	应急管理、民政、地方史志办公室、统计、交通、工业和信息化、水利、城管、市政等部门	√	√

备注：
（1）普查时段（时点）：普查时点为 2020 年 12 月 31 日；年度时段为 2020 年 1 月 1 日至 2020 年 12 月 31 日；近 3 年时段为 2018 年 1 月 1 日至 2020 年 12 月 31 日；近 20 年时段为 2001—2020 年；近 30 年是指 1991—2020 年。历史年度自然灾害灾情为 1978—2020 年；重大历史自然灾害为 1949—2020 年。
（2）“√”表示包含该类任务；“×”表示不包含该类任务

根据国务院普查办统一部署要求，结合北京市具体任务内容，北京市应急管理系统调查主要依据《公共服务设施调查技术规范》《危险化学品自然灾害承灾体普查技术规范》《非煤矿山自然灾害承灾体调查技术规范》《政府减灾能力调查技术规范》《企业与社会组织减灾能力调查技术规范》《乡镇与社区减灾能力调查技术规范》《家庭减灾能力调查技术规范》《历史年度自然灾害灾情调查技术规范》《重大历史自然灾害调查技术规范》9 个技术规范。

市级应急管理部门统筹组织全市应急管理系统调查工作实施。市级教育、卫健、民政、文旅、文物、宣传、科技、体育、统战、商务、统计、市场监管、银保监、园林绿化、消防救援、地震、地质等行业部门与应急管理部门协同配合，指导区级层面开展调查工作实施，并对区级层面汇交的调查数据进行质检审核。区级应急管理部门会同区级相关行业部门负责调查任务实施，对调查数据进行区级自检，并将调查数据汇交至市级应急管理部门。

第二节　承灾体调查

一、调查对象

承灾体调查对象包括公共服务设施、危险化学品企业、非煤矿山 3 个调查中类，调查技术规范分别为《公共服务设施调查技术规范》《危险化学品自然灾害承灾体调查技术规范》《非煤矿山自然灾害承灾体调查技术规范》。其中，公共服务设施涵盖学校、医疗卫生机构、提供住宿的社会服务机构、公共文化场所、旅游景区、星级饭店、体育场馆、宗教活动场所、大型超市/百货店/亿元以上商品交易市场、县域基础指标统计、乡（镇）基础指标统计 11 个小类；危险化学品企业涵盖化工园区、企业基础信息、加油加气加氢站 3 个小类；非煤矿山包括金属非金属露天矿山、尾矿库 2 个小类。承灾体调查对象分布见表 3-2。

表 3-2　承灾体调查对象分布表

调查中类	调查小类	调查对象范围	空间信息
公共服务设施	学校	（1）基础教育：包括幼儿园、小学、初级中学、职业初中、九年一贯制学校、高级中学、完全中学、十二年一贯制学校、特殊教育学校、工读学校，含各类学校教学点，不包含成人小学、成人初中、成人高中、附设教学班、托班、兴趣班。 （2）中等职业教育：包括普通中专、成人中专、职业高中、技工学校、其他中职机构，不包含附设教学班。 （3）高等教育：包括普通高等学校、成人高等学校、民办其他高等教育机构，不包含附设教学班、研究生培养机构及党校等非教育部门主管的机构	点状、面状

表 3-2（续）

调查中类	调查小类	调查对象范围	空间信息
公共服务设施	医疗卫生机构	（1）医院：包括综合医院、中医医院、中西医结合医院、民族医院、专科医院、护理院，含医学院校附属医院。 （2）基层医疗卫生机构：包括社区卫生服务中心（站）、乡镇（街道）卫生院，不包括村卫生室、门诊部、诊所（医务室）。 （3）专业公共卫生机构：包括疾病预防控制中心、专科疾病防治机构、妇幼保健机构（含妇幼保健计划生育服务中心）、急救中心（站）、采供血机构；不包括卫生监督机构、健康教育机构、取得《医疗机构执业许可证》或《计划生育技术服务许可证》的计划生育技术服务机构；也不包括疗养院、临床检验中心、医学科研机构、医学在职教育机构、卫生监督（监测、检测）机构、医学考试中心、农村改水中心、人才交流中心、统计信息中心等卫生事业单位	点状、面状
	提供住宿的社会服务机构	（1）养老服务机构：包括社会福利院、农村特困人员救助供养机构、养老院、农村互助幸福院、老年公寓等各类养老机构，不包含社区家庭互助式养老机构。 （2）儿童福利和救助机构：包括儿童福利机构、未成年人救助保护中心。 （3）精神疾病服务机构：包含精神卫生中心等未达到医院级别的精神疾病服务机构；不包含精神病院，精神病院相关信息由医疗卫生机构填报。 （4）其他提供住宿机构：主要指生活无着人员救助管理站，不包含军供站等其他提供住宿的社会服务机构；不包含未提供住宿条件的任何社会服务机构	点状、面状
	公共文化场所	（1）公共图书馆：包括公共图书馆，不包括学校机构图书馆、各类机构内部举办的或单独举办的图书馆、部队系统以及文化馆（文化中心、群众艺术馆）、文化站内设的图书室等。	

表 3-2（续）

调查中类	调查小类	调查对象范围	空间信息
公共服务设施	公共文化场所	（2）博物馆：包括博物馆（院）、纪念馆（舍）、科技馆、陈列馆、收藏馆；不包含场地面积小于 5000 m^2 的民间收藏场馆。 （3）文化馆：包括国家、省、市、县级文化馆、综合性文化中心、群众艺术馆、文化站；不包括街道（乡镇）、社区（农村）文化站或文化中心等机构，也不包括由临时抽调人员组成的文化工作队、服务站等。 （4）美术馆：包含由文化部门主办或实行行业管理的国有美术馆，以及在民政部门登记注册并在文化部门备案的非营利性民营美术馆。 （5）艺术表演场馆：包括剧场、影剧院、电影院、影视城、音乐厅、书场、曲艺场、杂技场、马戏场、综合性剧场等有观众席、舞台、灯光设备，公开售票、专供文艺团体演出或放映的文化活动场所。不含广播电台、图书市场、图书城、新华书店等机构	点状、面状
	旅游景区	包含 A 级、AA 级、AAA 级、AAAA 级、AAAAA 级国家旅游景区，不含未定级及其他类型景区	点状、面状
	星级饭店	包括一星级、二星级、三星级、四星级、五星级（含白金五星级）饭店；可包含未定星级但客房在 50 个以上，且占地面积在 5000 m^2 以上的宾馆酒店	点状、面状
	体育场馆	包含各系统、各行业、各种所有制形式的体育场、体育馆、游泳馆、跳水馆；不包含观众席位数小于 500 个的体育场、体育馆，也不包含未设置固定观众座席的游泳馆和跳水馆；不包括学校（机构）体育场所	点状、面状
	宗教活动场所	国家宗教事务局登记、备案的宗教（佛教、道教、伊斯兰教、基督教、天主教）活动场所，具体包括寺院、宫观、清真寺、教堂及其他固定宗教处所。 * 在重要活动或重要节日期间瞬时最大人数小于 500 人的宗教场所的调查为北京市自选线下开展任务	点状、面状

表 3-2（续）

调查中类	调查小类	调查对象范围	空间信息
公共服务设施	大型超市/百货店/亿元以上商品交易市场	包括有店铺的零售业态大型超市、百货店和亿元以上商品交易市场。可包括 1000~6000 m^2 的大型超市、百货店，不包括小于 1000 m^2 的超市和百货店	点状、面状
	县域基础指标统计	16 个县级行政单元的地区生产总值与农业生产情况	—
	乡（镇）基础指标统计	346 个乡镇（街道）行政单元农作物播种情况与行政区域面积	—
危险化学品企业	化工园区	在建或建成的化工园区（化工集中区）	点状、面状
	企业基础信息	处于园区内的所有企业，以及未处于化工园区的危险化学品企业（指取得安全许可或港口经营许可或燃气经营许可的企业）。不含仓储的危险化学品票据经营企业、运输（包括铁路、道路、水路、航空、管道等运输方式）企业，已经停产关闭的危险化学品企业不在普查范围之内	点状、面状
	加油加气加氢站	加油站、加气站、加氢站、加油加气合建站、加氢加油合建站、加氢加气合建站等	点状

表 3-2（续）

调查中类	调查小类	调查对象范围	空间信息
非煤矿山	金属非金属露天矿山	已取得采矿许可证的金属非金属露天矿山企业	点状
	尾矿库	已取得采矿许可证的尾矿库	点状

二、调查内容

公共服务设施承灾体［除县域基础指标、乡（镇）基础指标外］的调查内容主要包括名称、地址、面积等基本情况，人员情况，相应的功能与服务情况，安全保卫、应急供电、供水、供暖、通信、历史灾情等应急保障能力，以及空间位置信息。县域基础指标主要包括地区生产总值和农业基本情况；乡（镇）基础指标主要包括主要农作物播种面积、行政区域面积。

危险化学品企业承灾体的调查内容主要包括化工园区的名称、地址、设立时间、设定情况、历史灾情、企业数量等基本概况，电源路数、公用变电站数量、园区电厂数量等供配电情况，供水能力、用水负荷、污水处理能力、最大污水排放量、园区公共事故应急池等给排水情况，应急指挥信息平台、应急救援队伍、公用管廊等应急救援情况；危险化学品企业的名称、工艺类型、安全生产标准化达标情况、重大危险源辨识情况等基本情况，设计抗震烈度、防洪标准、供配电、救援队伍等防灾减灾能力概况，历史灾害灾情，空间位置信息等；加油加气加氢站的名称、地址、企业类型、等级、安全生产标准化等级、总容积（量）、储罐类型、空间位置信息等。

非煤矿山承灾体的调查内容包括金属非金属露天矿山、尾矿库的名称、地址、生产状态、采矿许可证、人员、资产等基础信息，应急管理、救援队伍等防灾减灾能力，地震灾害、洪水灾害、地质灾害等自然灾害设防情况，排土场设防能力（仅金属非金属露天矿山），历史自然灾害事故信息，空间位置信息等。

三、工作流程

承灾体调查基本遵循清查、调查、质检核查的基本工作流程，按照在地统计的原则开展。其中，清查、调查均利用国务院普查办统一开发的普查软件开展，基础地图为“天地图”。北京市自然灾害综合风险普查工作流程如图 3-1 所示。

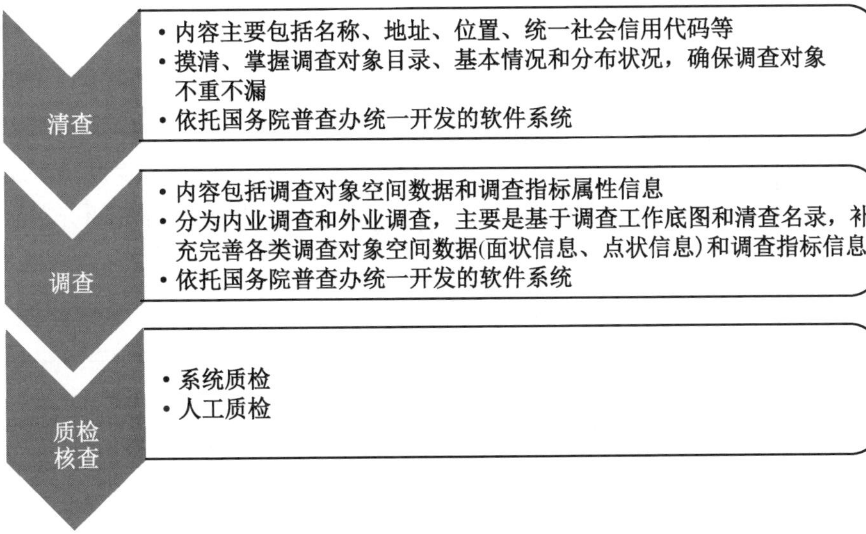

清查	• 内容主要包括名称、地址、位置、统一社会信用代码等 • 摸清、掌握调查对象目录、基本情况和分布状况，确保调查对象不重不漏 • 依托国务院普查办统一开发的软件系统
调查	• 内容包括调查对象空间数据和调查指标属性信息 • 分为内业调查和外业调查，主要是基于调查工作底图和清查名录，补充完善各类调查对象空间数据(面状信息、点状信息)和调查指标信息 • 依托国务院普查办统一开发的软件系统
质检核查	• 系统质检 • 人工质检

图 3-1　北京市自然灾害综合风险普查工作流程

四、调查指标数据来源及说明

（一）公共服务设施承灾体

1. 学校

根据国务院普查办制定的《公共服务设施调查技术规范》中

《公共服务设施（学校）调查表》，学校调查指标分为基本概况、人员情况、功能与服务情况、应急保障能力 4 个大类，共计 29 项调查指标。各项调查指标数据来源及说明见表 3-3。

表 3-3 学校调查指标数据来源及说明情况表

指标类型	序号	指标名称	数据来源（参考）	指标说明
一、基本概况	01	学校（机构）名称	统一社会信用代码证书/法人证书/教委备案材料	学校（机构）名称应与学校（机构）标识码、学校（机构）办学类型（大类）、学校（机构）办学类型（中类）对标，初步判断是否合理
	02	学校（机构）详细地址	统一社会信用代码证书/法人证书/教委备案材料	
	03	学校（机构）标识码	教委备案材料	学校（机构）标识码若有，则字段长度为 10 位或 15 位；若无，则填“无”。代码开头为 22、33、35、91 的学校（机构）不在本次调查范围内
	04	学校（机构）办学类型（大类）	教委备案材料	
	05	学校（机构）办学类型（中类）	教委备案材料	
	06	学校（机构）举办者	教委备案材料	
	07	占地面积	竣工验收报告	占地面积≥室外运动场地面积。 占地面积与调查对象面状信息相比，二者面积相差不超过 10 倍

表 3-3（续）

指标类型	序号	指标名称	数据来源（参考）	指标说明
一、基本概况	08	校舍建筑面积	竣工验收报告	校舍建筑面积≥教室用房建筑面积+体育馆建筑面积+学生宿舍+公寓建筑面积
	09	万元以上设备台数	设备设施台账/维保记录/购买票据	万元以上设备指年末教学、科研、实验等在内的全部万元以上设备的台/套数，该指标统计目的为资产评估。若现场存在大量设备用途难以界定的情况，可以将所有万元以上设备进行统计
	10	是否含文物保护单位或历史建筑	文物保护单位或历史建筑认定文件	
二、人员情况	11	教职工数	教职工台账/工资表	
	12	在校生数	学生台账	在校生数≥寄宿生人数 在校生数≥外国籍学生人数 在校生数≥附设教学班学生人数
	13	寄宿生人数	学生台账	
	14	外国籍学生人数	学生台账	将各类学校中的全部外籍学生纳入调查范围，而非单指持外国护照在我国高等学校注册并接受学历教育或非学历教育的外国留学生
	15	附设教学班学生人数	学生台账	

表 3-3（续）

指标类型	序号	指标名称	数据来源（参考）	指标说明
三、功能与服务情况	16	教室数	竣工验收报告/现场勘察	
	17	教室用房建筑面积	竣工验收报告/现场勘察	
	18	体育馆建筑面积	竣工验收报告/现场勘察	
	19	学生宿舍（公寓）建筑面积	竣工验收报告/现场勘察	
	20	室外运动场地面积	竣工验收报告/现场勘察	
四、应急保障能力	21	是否有校医院/卫生室/医务室	竣工验收报告/现场勘察	相应的学校校医室/卫生室/医务室必须配备具有专职校医资格的人员才可以进行认定，其他中小学普遍存在的保健医工作的处置室不纳入校医室/卫生室/医务室统计范围
	22	专职校医人数	劳务合同/相关从业资格证书	专职校医必须具有执业医师、执业助理医师、护士、药师（士）四类证件中的一种，其他仅具有保健医资格证的人员不应算作专职校医
	23	安全保卫人员数量	安全保卫人员花名册	安全保卫人员指从事安全保卫工作的职工、临时工、外聘保安公司等人员。不包括兼职或分管安保的企事业职工，必须为全职承担安保工作的人员，与是否具有保安证件、是否直接由被调查单位支付工资无关

表 3-3（续）

指标类型	序号	指标名称	数据来源（参考）	指标说明
四、应急保障能力	24	应急供电能力	应急电源铭牌	主要统计填报对象的电力自给情况，包括发电机和大于 1 kW 的 UPS 电源，其他如双路供电、蓄电池组和 EPS 等均不纳入统计范围
	25	供水方式	缴费单/实地走访	
	26	供暖方式	缴费单/实地走访	
	27	应急通信保障方式	固定资产台账	
	28	曾经遭受过的自然灾害类型	单位受灾记录/地方志	在“曾经遭受过的自然灾害类型”选择“其他”并文字填报时，不应出现非自然灾害
	29	已有自然灾害应急预案类型	应急预案	在“已有自然灾害应急预案类型”中选择“其他”并文字填报时，不应出现非自然灾害
备注： （1）教学点、分园、分校或校区等空间上独立的学校分支机构作为单体调查对象，均需单独填报此表；附设教学班不作为调查对象单独填报，而是由举办附设教学班的学校（机构）填报。 （2）面状信息应全部或部分位于本街镇区划范围内；不应出现多个面状信息拼接、不连续、重叠等情况；不应出现面状信息明显包含非调查对象，如公路；不应出现面状信息明显分割单体建筑物、操场等				

2. 医疗卫生机构

根据国务院普查办制定的《公共服务设施调查技术规范》中《公共服务设施（医疗卫生机构）调查表》，医疗卫生机构调查指标分为基本概况、人员情况、功能与服务情况、应急保障能力 4 个大类，共计 35 项调查指标。各项调查指标数据来源及说明见表 3-4。

表 3-4　医疗卫生机构调查指标数据来源及说明情况表

指标类型	序号	指标名称	数据来源（参考）	指标说明
一、基本概况	01	医疗卫生机构名称	法人证书/营业执照/医疗机构执业许可证/中医诊所备案证/计划生育技术服务许可证等	医疗卫生机构名称应与医疗卫生机构标识码、医疗卫生机构（大类）、医疗卫生机构（中类）对标，初步判断是否合理
	02	医疗卫生机构详细地址	法人证书/营业执照/医疗机构执业许可证/中医诊所备案证/计划生育技术服务许可证等	
	03	医疗卫生机构类别代码	法人证书/营业执照/医疗机构执业许可证/中医诊所备案证/计划生育技术服务许可证等	
	04	医疗机构类型（大类）	法人证书/营业执照/医疗机构执业许可证/中医诊所备案证/计划生育技术服务许可证等	
	05	医疗机构类型（中类）	法人证书/营业执照/医疗机构执业许可证/中医诊所备案证/计划生育技术服务许可证等	
	06	医疗机构类型（专科医院分类）	法人证书/营业执照/医疗机构执业许可证/中医诊所备案证/计划生育技术服务许可证等	

表 3-4（续）

指标类型	序号	指标名称	数据来源（参考）	指标说明
一、基本概况	07	医院等级	医院等级证书	医院等级中，基层医疗卫生机构一般不应达到二级以上
	08	医疗机构性质	法人证书/营业执照/医疗机构执业许可证/中医诊所备案证/计划生育技术服务许可证等	
	09	占地面积	土地证/房产证/租赁合同/平面图等	占地面积与调查对象面状信息相比，二者面积相差不超过10倍
	10	房屋建筑面积	土地证/房产证/租赁合同/平面图等	
	11	万元以上设备台数	设备设施台账	
二、人员情况	12	在岗职工人数	员工花名册	在岗职工人数≥卫生技术人员总数+工勤技能人员数
	13	卫生技术人员总数	卫生技术人员花名册	卫生技术人员总数≥注册护士人数 卫生技术人员总数≥院前急救专业人员数
	14	注册护士人数	注册护士花名册	
	15	工勤技能人员数	工勤技能人员花名册	
	16	年度总诊疗人次数	年度诊疗人员统计相关记录资料	年度总诊疗人次数≥年度入院人数≥0
	17	年度入院人数	年度诊疗人员入院统计相关记录资料	
	18	年度出院人数	年度诊疗人员出院统计相关记录资料	

表 3-4（续）

指标类型	序号	指标名称	数据来源（参考）	指标说明
三、功能与服务情况	19	实有住院床位数	床位数统计表	实有住院床位数≥负压病房床位+重症加强护理病房（ICU）床位数
	20	负压病房床位数	床位数统计表	
	21	重症加强护理病房（ICU）床位数	床位数统计表	
	22	院前急救专业人员数	院前急救专业人员花名册	
	23	急救指挥车数量	固定资产台账	
	24	运转型急救车数量	固定资产台账	
	25	监护型急救车数量	固定资产台账	
	26	负压急救车数量	固定资产台账	
	27	采血车数	固定资产台账	
	28	送血车数	固定资产台账	
四、应急保障能力	29	安全保卫人员数量	安全保卫人员花名册	安全保卫人员指从事安全保卫工作的职工、临时工、外聘保安公司等人员。不包括兼职或分管安保的企事业职工，必须为全职承担安保工作的人员，与是否具有保安证件、是否直接由被调查单位支付工资无关

表 3-4（续）

指标类型	序号	指标名称	数据来源（参考）	指标说明
四、应急保障能力	30	应急供电能力	应急电源铭牌	主要统计填报对象的电力自给情况，包括发电机和大于 1 kW 的 UPS 电源，其他如双路供电、蓄电池组和 EPS 等均不纳入统计范围
	31	供水方式	缴费单/实地走访	
	32	供暖方式	缴费单/实地走访	
	33	应急通信保障方式	固定资产台账	
	34	曾经遭受过的自然灾害类型	单位受灾记录/地方志	在“曾经遭受过的自然灾害类型”中选择“其他”并文字填报时，不应出现非自然灾害
	35	已有自然灾害应急预案类型	应急预案	在“已有自然灾害应急预案类型”中选择“其他”并文字填报时，不应出现非自然灾害
备注： （1）分院等分支机构作为独立的调查对象，均需单独填报。 （2）面状信息应全部或部分位于本街镇区划范围内；不应出现多个面状信息拼接、不连续、重叠等情况；不应出现面状信息明显包含非调查对象，如公路；不应出现面状信息明显分割单体建筑物				

3. 提供住宿的社会服务机构

根据国务院普查办制定的《公共服务设施调查技术规范》中《公共服务设施（提供住宿的社会服务机构）调查表》，提供住宿的社会服务机构调查指标分为基本概况、人员情况、功能与服务情况、应急保障能力 4 个大类，共计 21 项调查指标。各项调查指标数据来源及说明见表3-5。

表3-5　提供住宿的社会服务机构调查指标数据来源及说明情况表

指标类型	序号	指标名称	来源资料（参考）	指标说明
一、基本概况	01	单位名称	法人证书/营业执照/养老机构设立许可证等	“单位名称”与“服务机构类型”对标，初步判断是否合理
	02	单位详细地址	法人证书/营业执照/养老机构设立许可证等	
	03	服务机构类型	法人证书/营业执照/养老机构设立许可证等	
	04	注册登记类型	法人证书/营业执照/养老机构设立许可证等	
	05	占地面积	土地证/房产证/租赁合同/平面图等	占地面积与调查对象面状信息相比，二者面积相差不超过10倍
	06	建筑面积	土地证/房产证/租赁合同/平面图等	
二、人员情况	07	年末职工人数	员工花名册/专业技术技能人员花名册	年末职工人数≥专业技术技能人员数+机构管理人员数
	08	专业技术技能人员数	专业技术技能人员花名册	
	09	机构管理人员数	员工花名册	
	10	志愿服务人次数	工作总结	
三、功能与服务情况	11	年末床位数	床位数统计表	
	12	年在院总人天数	2020年度收养人员花名册及在院天数等	年在院总人天数≥年末床位数×366
	13	年末在院人数	2020年度收养人员花名册及在院天数等	

表 3-5（续）

指标类型	序号	指标名称	来源资料（参考）	指标说明
三、功能与服务情况	14	康复和医疗门诊人数次	康复和医疗门诊诊疗人员统计相关记录资料	
四、应急保障能力	15	安全保卫人员数量	安全保卫人员花名册	安全保卫人员指从事安全保卫工作的职工、临时工、外聘保安公司等人员。不包括兼职或分管安保的企事业职工，必须为全职承担安保工作的人员，与是否具有保安证件、是否直接由被调查单位支付工资无关
	16	应急供电能力	应急电源铭牌	主要统计填报对象的电力自给情况，包括发电机和大于 1 kW 的 UPS 电源，其他如双路供电、蓄电池组和 EPS 等均不纳入统计范围
	17	供水方式	缴费单/实地走访	
	18	供暖方式	缴费单/实地走访	
	19	应急通信保障方式	固定资产台账	
	20	曾经遭受过的自然灾害类型	单位受灾记录/地方志	在“曾经遭受过的自然灾害类型”中选择“其他”并文字填报时，不应出现非自然灾害
	21	已有自然灾害应急预案类型	应急预案	在“已有自然灾害应急预案类型”中选择“其他”并文字填报时，不应出现非自然灾害

表 3-5（续）

指标类型	序号	指标名称	来源资料（参考）	指标说明
备注： （1）分院等分支机构作为独立的调查对象，均需单独填报。 （2）面状信息应全部或部分位于本街镇区划范围内；不应出现多个面状信息拼接、不连续、重叠等情况；不应出现面状信息明显包含非调查对象，如公路；不应出现面状信息明显分割单体建筑物				

4. 公共文化场所

根据国务院普查办制定的《公共服务设施调查技术规范》中《公共服务设施（公共文化场所）调查表》，公共文化场所调查指标分为基本概况、人员情况、功能与服务情况、应急保障能力 4 个大类，共计 21 项调查指标。各项调查指标数据来源及说明见表 3-6。

表 3-6　公共文化场所调查指标数据来源及说明情况表

指标类型	序号	指标名称	来源资料（参考）	指标说明
一、基本概况	01	单位名称	法人证书/营业执照/电影发行经营许可证等	“单位名称”与“机构类型”对标，初步判断是否合理
	02	单位详细地址	法人证书/营业执照/电影发行经营许可证等	
	03	机构类型	法人证书/营业执照/电影发行经营许可证等	
	04	占地面积	土地证/房产证/租赁合同/平面图等	
	05	建筑面积	土地证/房产证/租赁合同/平面图等	
	06	是否含文物保护单位或历史建筑	文物保护单位或历史建筑应提供相关认定文件	

表 3-6（续）

<table>
<tr><th>指标类型</th><th>序号</th><th>指标名称</th><th>来源资料（参考）</th><th>指标说明</th></tr>
<tr><td rowspan="2">二、人员情况</td><td>07</td><td>从业人员数</td><td>员工花名册/工资单</td><td></td></tr>
<tr><td>08</td><td>年总流通人次</td><td>流通人次统计资料/电影院观影人次统计资料</td><td></td></tr>
<tr><td rowspan="6">三、功能与服务情况</td><td>09</td><td>是否免费开放</td><td>运营条例</td><td></td></tr>
<tr><td>10</td><td>总藏量</td><td>藏品清单</td><td>总藏量≥一级品文物数+二级品文物数+三级品文物数</td></tr>
<tr><td>11</td><td>一级品文物数</td><td>藏品清单</td><td rowspan="4">艺术表演场馆类目标，一级品文物数、二级品文物数、三级品文物数一般应为 0，座席数一般应大于 0</td></tr>
<tr><td>12</td><td>二级品文物数</td><td>藏品清单</td></tr>
<tr><td>13</td><td>三级品文物数</td><td>藏品清单</td></tr>
<tr><td>14</td><td>座席数</td><td>座席资料</td></tr>
<tr><td rowspan="5">四、应急保障能力</td><td>15</td><td>安全保卫人员数量</td><td>安全保卫人员花名册</td><td>安全保卫人员指从事安全保卫工作的职工、临时工、外聘保安公司等人员。不包括兼职或分管安保的企事业职工，必须为全职承担安保工作的人员，与是否具有保安证件、是否直接由被调查单位支付工资无关</td></tr>
<tr><td>16</td><td>应急供电能力</td><td>应急电源铭牌</td><td>主要统计填报对象的电力自给情况，包括发电机和大于 1 kW 的 UPS 电源，其他如双路供电、蓄电池组和 EPS 等均不纳入统计范围</td></tr>
<tr><td>17</td><td>供水方式</td><td>缴费单/实地走访</td><td></td></tr>
<tr><td>18</td><td>供暖方式</td><td>缴费单/实地走访</td><td></td></tr>
<tr><td>19</td><td>应急通信保障方式</td><td>固定资产台账</td><td></td></tr>
</table>

表 3-6（续）

指标类型	序号	指标名称	来源资料（参考）	指标说明
四、应急保障能力	20	曾经遭受过的自然灾害类型	单位受灾记录/地方志	在“曾经遭受过的自然灾害类型”中选择“其他”并文字填报时，不应出现非自然灾害
	21	已有自然灾害应急预案类型	应急预案	在“已有自然灾害应急预案类型”中选择“其他”并文字填报时，不应出现非自然灾害
备注：面状信息应全部或部分位于本街镇区划范围内；不应出现多个面状信息拼接、不连续、重叠等情况；不应出现面状信息明显包含非调查对象，如公路；不应出现面状信息明显分割单体建筑物				

5. 旅游景区

根据国务院普查办制定的《公共服务设施调查技术规范》中《公共服务设施（旅游景区）调查表》，旅游景区调查指标分为基本概况、人员情况、功能与服务情况、应急保障能力 4 个大类，共计 21 项调查指标。各项调查指标数据来源及说明见表 3-7。

表 3-7　旅游景区调查指标数据来源及说明情况表

指标类型	序号	指标名称	来源资料（参考）	指标说明
一、基本概况	01	景区名称	法人证书/营业执照/旅游景区（点）业务经营许可证等	“景区名称”与“景区类型”对标，初步判断是否合理
	02	景区详细地址	法人证书/营业执照/旅游景区（点）业务经营许可证等	
	03	景区企业性质	法人证书/营业执照/旅游景区（点）业务经营许可证等	

表 3-7（续）

指标类型	序号	指标名称	来源资料（参考）	指标说明
一、基本概况	04	景区经营模式	法人证书/营业执照/旅游景区（点）业务经营许可证等	
	05	景区类型	法人证书/营业执照/旅游景区（点）业务经营许可证等	
	06	景区当前等级	景区等级评定证书	
	07	景区申报面积	景区申报面积批复相关文件	
	08	建筑面积	土地证/房产证/平面图	
	09	是否含文物保护单位或历史建筑	文物保护单位或历史建筑应提供相关认定文件	
二、人员情况	10	总就业人数	员工花名册/工资单	
三、功能与服务情况	11	开放时间	2020 年度景区开放记录资料	非全年开放时，“开放时间”选项至少应符合季节特征
	12	游客总接待量	2020 年度景区总接待游客数量统计相关资料	
	13	瞬时最大承载量	文旅部门根据《旅游景区最大承载量核定导则》对该景区进行核定的数值或向文旅部门协调获取数据	景区在某一瞬时间所承载的最大游客量
	14	日最大承载量	文旅部门根据《旅游景区最大承载量核定导则》对该景区进行核定的数值	景区所能承载的日最大游客量，日最大承载量≥瞬时最大承载量

表 3-7（续）

指标类型	序号	指标名称	来源资料（参考）	指标说明
四、应急保障能力	15	安全保卫人员数量	安全保卫人员花名册	安全保卫人员指从事安全保卫工作的职工、临时工、外聘保安公司等人员。不包括兼职或分管安保的企事业职工，必须为全职承担安保工作的人员，与是否具有保安证件、是否直接由被调查单位支付工资无关
	16	应急供电能力	应急电源铭牌	主要统计填报对象的电力自给情况，包括发电机和大于 1 kW 的 UPS 电源，其他如双路供电、蓄电池组和 EPS 等均不纳入统计范围
	17	供水方式	缴费单/实地走访	
	18	供暖方式	缴费单/实地走访	
	19	应急通信保障方式	固定资产台账	
	20	曾经遭受过的自然灾害类型	单位受灾记录/地方志	在“曾经遭受过的自然灾害类型”中选择“其他”并文字填报时，不应出现非自然灾害
	21	已有自然灾害应急预案类型	应急预案	在“已有自然灾害应急预案类型”中选择“其他”并文字填报时，不应出现非自然灾害

表 3-7（续）

指标类型	序号	指标名称	来源资料（参考）	指标说明
备注： （1）若景区范围覆盖多个县级行政区域，则由景区最主要入口所在区进行填报，或由市文旅部门确定具体填报区。 （2）面状信息应全部或部分位于本街镇区划范围内；不应出现多个面状信息拼接、不连续、重叠等情况；不应出现面状信息明显包含非调查对象，如公路；不应出现面状信息明显分割单体建筑物				

6. 星级饭店

根据国务院普查办制定的《公共服务设施调查技术规范》中《公共服务设施（星级饭店）调查表》，星级饭店调查指标分为基本概况、人员情况、功能与服务情况、应急保障能力 4 个大类，共计 19 项调查指标。各项调查指标数据来源及说明见表 3-8。

表 3-8　星级饭店调查指标数据来源及说明情况表

指标类型	序号	指标名称	来源资料（参考）	指标说明
一、基本概况	01	星级饭店名称	法人证书/营业执照/特种行业许可证等	
	02	常用名	法人证书/营业执照/特种行业许可证等	“常用名”一般不应与“星级饭店名称”完全相同
	03	星级饭店详细地址	法人证书/营业执照/特种行业许可证等	
	04	企业性质	法人证书/营业执照/特种行业许可证等	
	05	饭店星级	酒店星级证书	“饭店星级”若选择“其他”，则占地面积 >5000 m^2，且客房数 >50个

表 3-8（续）

指标类型	序号	指标名称	来源资料（参考）	指标说明
一、基本概况	06	占地面积	土地证/房产证/租赁合同/平面图等	占地面积与调查对象面状信息相比，二者面积相差不超过10倍
	07	建筑面积	土地证/房产证/租赁合同/平面图等	
二、人员情况	08	总就业人数	员工花名册	总就业人数＞安全保卫人员数量
三、功能与服务情况	09	客房数	平面图或消防疏散图	
	10	床位数	床位资料	床位数≥客房数
	11	会议室容纳人数	会议室容纳资料	
	12	其他配套设施	平面图或消防疏散图	
四、应急保障能力	13	安全保卫人员数量	安全保卫人员花名册	安全保卫人员指从事安全保卫工作的职工、临时工、外聘保安公司等人员。不包括兼职或分管安保的企事业职工，必须为全职承担安保工作的人员，与是否具有保安证件、是否直接由被调查单位支付工资无关
	14	应急供电能力	应急电源铭牌	主要统计填报对象的电力自给情况，包括发电机和大于 1 kW 的UPS电源，其他如双路供电、蓄电池组和EPS等均不纳入统计范围
	15	供水方式	缴费单/实地走访	
	16	供暖方式	缴费单/实地走访	

表 3-8（续）

指标类型	序号	指标名称	来源资料（参考）	指标说明
四、应急保障能力	17	应急通信保障方式	固定资产台账	
	18	曾经遭受过的自然灾害类型	单位受灾记录/地方志	在“曾经遭受过的自然灾害类型”中选择“其他”并文字填报时，不应出现非自然灾害
	19	已有自然灾害应急预案类型	应急预案	在“已有自然灾害应急预案类型”中选择“其他”并文字填报时，不应出现非自然灾害
备注： （1）面状信息应全部或部分位于本街镇区划范围内；不应出现多个面状信息拼接、不连续、重叠等情况；不应出现面状信息明显包含非调查对象，如公路；不应出现面状信息明显分割单体建筑物。 （2）旅游饭店：以间（套）/夜为单位出租客房，以住宿服务为主，并提供商务、会议、休闲、度假等相应服务的住宿设施，按不同习惯可能也被称为宾馆、酒店、旅馆、旅社、宾舍、度假村、俱乐部、大厦、中心等。 （3）饭店星级：分为六个级别，即一星级、二星级、三星级、四星级、五星级（含白金五星级）、其他住宿场所。最低为一星级，最高为五星级。星级越高，表示饭店的等级越高，星级旅游饭店简称星级饭店				

7. 体育场馆

根据国务院普查办制定的《公共服务设施调查技术规范》中《公共服务设施（体育场馆）调查表》，体育场馆调查指标分为基本概况、人员情况、功能与服务情况、应急设施 4 个大类，共计 20 项调查指标。各项调查指标数据来源及说明见表 3-9。

表 3-9　体育场馆调查指标数据来源及说明情况表

指标类型	序号	指标名称	来源资料（参考）	指标说明
一、基本概况	01	体育场馆名称	法人证书/营业执照/经营许可证书等	“体育场馆名称”应与“场馆类型”对标，初步判断是否合理
	02	体育场馆详细地址	法人证书/营业执照/经营许可证书等	
	03	场馆类型	法人证书/营业执照/经营许可证书等	若面状信息中明显有室外运动场地，则“场馆类型”应按照“体育场”填报；若“场馆类型”选择“体育场”或“体育馆”，则“观众席位数”>500 个
	04	运营模式	运营合同	
	05	占地面积	土地证/房产证/租赁合同/平面图等	占地面积与调查对象面状信息相比，二者面积相差不超过 10 倍
	06	场地面积	土地证/房产证/租赁合同/平面图等	
	07	建筑面积	土地证/房产证/租赁合同/平面图等	
二、人员情况	08	场地从业人员总数	员工花名册/工资单	场地从业人员总数>安全保卫人员数量
	09	平均每周接待人次	流通人次统计资料	
三、功能与服务情况	10	观众席位数	座席数量统计资料	
	11	承担活动次数	活动承担资料	
	12	对外开放情况	场馆开放资料	
	13	年开放天数	场馆开放资料	

表 3-9（续）

指标类型	序号	指标名称	来源资料（参考）	指标说明
四、应急设施	14	安全保卫人员数量	安全保卫人员花名册	安全保卫人员指从事安全保卫工作的职工、临时工、外聘保安公司等人员。不包括兼职或分管安保的企事业职工，必须为全职承担安保工作的人员，与是否具有保安证件、是否直接由被调查单位支付工资无关
	15	应急供电能力	应急电源铭牌	主要统计填报对象的电力自给情况，包括发电机和大于 1 kW 的 UPS 电源，其他如双路供电、蓄电池组和 EPS 等均不纳入统计范围
	16	供水方式	缴费单/实地走访	
	17	供暖方式	缴费单/实地走访	
	18	应急通信保障方式	固定资产台账	
	19	曾经遭受过的自然灾害类型	单位受灾记录/地方志	在“曾经遭受过的自然灾害类型”中选择“其他”并文字填报时，不应出现非自然灾害
	20	已有自然灾害应急预案类型	应急预案	在“已有自然灾害应急预案类型”中选择“其他”并文字填报时，不应出现非自然灾害

表 3-9（续）

指标类型	序号	指标名称	来源资料（参考）	指标说明
备注： （1）面状信息应全部或部分位于本街镇区划范围内；不应出现多个面状信息拼接、不连续、重叠等情况；不应出现面状信息明显包含非调查对象，如公路；不应出现面状信息明显分割单体建筑物。 （2）体育场：指设有标准田径跑道（400 m 环形跑道至少 8 条，直跑道 8~10 条）、标准足球场（场地为 105 m×68 m）等的室外体育场地。其中，观众席位数量可根据固定看台的面积进行估算，如一个普通席位的占地面积约为 0.64 m^2。 （3）体育馆：指设有比赛和练习场地、看台和辅助用房等设施，可开展球类、体操等单项或多项体育比赛，固定座席大于 500 个的室内体育建筑。 （4）游泳馆：指可供开展游泳、花样游泳、水球、跳水等运动的室内游泳场地，水池一般不小于 25 m×16 m。如游泳池和跳水池设在同一建筑空间，按游泳馆统计，固定座席数合并计算。 （5）跳水馆：指室内跳水池，水池一般不小于 16 m×21 m，水深不小于 5 m，且带座席的体育场地				

8. 宗教活动场所

根据国务院普查办制定的《公共服务设施调查技术规范》中《公共服务设施（宗教活动场所）调查表》，宗教活动场所调查指标分为基本概况、人员情况、功能与服务情况、应急保障能力 4 个大类，共计 20 项调查指标。各项调查指标数据来源及说明见表 3-10。

表 3-10　宗教活动场所调查指标数据来源及说明情况表

指标类型	序号	指标名称	来源资料（参考）	指标说明
一、基本概况	01	宗教活动场所名称	法人证书/宗教活动许可证等	“宗教活动场所名称”应与“宗教类型”对标，初步判断是否合理
	02	宗教活动场所详细地址	法人证书/宗教活动许可证等	

表 3-10（续）

指标类型	序号	指标名称	来源资料（参考）	指标说明
一、基本概况	03	宗教类型	宗教活动许可证等	若“宗教类型”不为佛教或道教，“派别”应选“其他”
	04	派别	所属派别资料	
	05	场所类别	宗教活动许可证等	
	06	占地面积	土地证/房产证/租赁合同/平面图等	占地面积与调查对象面状信息相比，二者面积相差不超过 10 倍
	07	建筑面积	土地证/房产证/租赁合同/平面图等	
二、人员情况	08	场所教职人员数	场所教职花名册	
	09	日常人数	日常统计资料	
	10	节日人数	节日统计资料	节日人数>日常人数
三、功能与服务情况	11	是否含文物保护单位或历史建筑	文物保护单位或历史建筑应提供相关认定文件	
	12	文物保护级别	文物保护单位或历史建筑应提供相关认定文件	若“是否含文物保护单位或历史建筑”选择“是”，则“文物保护级别”必填
	13	是否有省级以上非物质文化遗产	非物质文化遗产认定文件	
四、应急保障能力	14	安全保卫人员数量	安全保卫人员花名册	安全保卫人员指从事安全保卫工作的职工、临时工、外聘保安公司等人员。不包括兼职或分管安保的企事业职工，必须为全职承担安保工作的人员，与是否具有保安证件、是否直接由被调查单位支付工资无关

表 3-10（续）

指标类型	序号	指标名称	来源资料（参考）	指标说明
四、应急保障能力	15	应急供电能力	应急电源铭牌	主要统计填报对象的电力自给情况，包括发电机和大于 1 kW 的 UPS 电源，其他如双路供电、蓄电池组和 EPS 等均不纳入统计范围
	16	供水方式	缴费单/实地走访	
	17	供暖方式	缴费单/实地走访	
	18	应急通信保障方式	固定资产台账	
	19	曾经遭受过的自然灾害类型	单位受灾记录/地方志	在“曾经遭受过的自然灾害类型”中选择“其他”并文字填报时，不应出现非自然灾害
	20	已有自然灾害应急预案类型	应急预案	在“已有自然灾害应急预案类型”中选择“其他”并文字填报时，不应出现非自然灾害
备注：面状信息应全部或部分位于本街镇区划范围内；不应出现多个面状信息拼接、不连续、重叠等情况；不应出现面状信息明显包含非调查对象，如公路；不应出现面状信息明显分割单体建筑物				

9. 大型超市、百货店和亿元以上商品交易市场

根据国务院普查办制定的《公共服务设施调查技术规范》中《公共服务设施（大型超市、百货店和亿元以上商品交易市场）调查表》，大型超市、百货店和亿元以上商品交易市场调查指标分为基本概况、人员情况、功能与服务情况、应急保障能力 4 个大类，共计 19 项调查指标。各项调查指标数据来源及说明见表 3-11。

表3-11　大型超市、百货店和亿元以上商品交易市场调查指标数据来源及说明情况表

指标类型	序号	指标名称	来源资料（参考）	指标说明
一、基本概况	01	大型超市、百货店和亿元以上商品交易市场名称	营业执照	“大型超市、百货店和亿元以上商品交易市场名称”应与“商业类型”对标，初步判断是否合理
	02	大型超市、百货店和亿元以上商品交易市场详细地址	营业执照	
	03	商业类型	营业执照	百货店与亿元以上商品交易市场的区别：百货店应为同时具有多种商业业态（如餐饮、零售、娱乐等）的目标，典型目标如万达、奥特莱斯等；亿元以上商品交易市场是专业经营某一种类型商品（例如农产品、小商品、服装、建材等）的大型市场，经营业态多以批发为主、零售为辅，典型目标如北京新发地农产品中心批发市场、京深海鲜市场等
	04	占地面积	土地证/房产证/租赁合同/平面图等	占地面积与调查对象面状信息相比，二者面积相差不超过10倍
	05	建筑面积	土地证/房产证/租赁合同/平面图等	

表 3-11（续）

指标类型	序号	指标名称	来源资料（参考）	指标说明
一、基本概况	06	营业面积	土地证/房产证/租赁合同/平面图等	
二、人员情况	07	年末从业人数	员工花名册	年末从业人数>安全保卫人数
	08	日最大人流量	单日最大人流量统计或核算相关资料	
三、功能与服务情况	09	摊位数	摊位清单（大型超市无须提供）	若“商业类型”选择“大型超市”，则摊位数为0
	10	年主营业务收入	年主营业务收入统计	大型商超百货店和亿元以上商品交易市场的主营业务收入，不应填写摊位、门店出租所得收入，而应按照规范中的要求填写商品销售、劳务服务等所有商务的收入
	11	市场类别（大类）	商品经营资料	若“商业类型”未选择“亿元以上商品交易市场”，“市场类别（大类）”不填写
	12	市场类别（中类）	商品经营资料	若“商业类型”未选择“亿元以上商品交易市场”，“市场类别（中类）”不填写

表 3-11（续）

指标类型	序号	指标名称	来源资料（参考）	指标说明
四、应急保障能力	13	安全保卫人员数量	安全保卫人员花名册	安全保卫人员指从事安全保卫工作的职工、临时工、外聘保安公司等人员。不包括兼职或分管安保的企事业职工，必须为全职承担安保工作的人员，与是否具有保安证件、是否直接由被调查单位支付工资无关
	14	应急供电能力	应急电源铭牌	主要统计填报对象的电力自给情况，包括发电机和大于 1 kW 的 UPS 电源，其他如双路供电、蓄电池组和 EPS 等均不纳入统计范围
	15	供水方式	缴费单/实地走访	
	16	供暖方式	缴费单/实地走访	
	17	应急通信保障方式	固定资产台账	
	18	曾经遭受过的自然灾害类型	单位受灾记录/地方志	在“曾经遭受过的自然灾害类型”中选择“其他”并文字填报时，不应出现非自然灾害
	19	已有自然灾害应急预案类型	应急预案	在“已有自然灾害应急预案类型”中选择“其他”并文字填报时，不应出现非自然灾害

表 3-11（续）

指标类型	序号	指标名称	来源资料（参考）	指标说明
备注：面状信息应全部或部分位于本街镇区划范围内；不应出现多个面状信息拼接、不连续、重叠等情况；不应出现面状信息明显包含非调查对象，如公路；不应出现面状信息明显分割单体建筑物				

10. 县域基础指标

根据国务院普查办制定的《公共服务设施调查技术规范》中《县域基础指标统计表》，县域基础指标分为地区生产总值、农业 2 个大类，共计 29 项调查指标。各项调查指标数据来源及说明见表 3-12。

表 3-12　县域基础指标数据来源及说明情况表

指标类型	序号	指标名称	来源资料（参考）	指标说明
一、地区生产总值	01	地区生产总值	统计年鉴	地区生产总值=第一产业增加值+第二产业增加值+第三产业增加值
	02	第一产业增加值	统计年鉴	
	03	第二产业增加值	统计年鉴	
	04	第三产业增加值	统计年鉴	
	05	人均地区生产总值	统计年鉴	
	06	近 30 年历年全社会固定资产投资总额	统计年鉴	
	07	地方财政一般预算收入	统计年鉴	
	08	地方财政一般预算支出	统计年鉴	
	09	居民人均可支配收入	统计年鉴	

表 3-12（续）

指标类型	序号	指标名称	来源资料（参考）	指标说明
一、地区生产总值	10	城镇居民人均可支配收入	统计年鉴	
	11	农村居民人均可支配收入	统计年鉴	
	12	社会消费品零售总额	统计年鉴	
	13	民用汽车拥有量	统计年鉴	
	14	电话普及率（包括移动电话）	统计年鉴	
二、农业	15	耕地面积	统计年鉴	
	16	粮食产量	统计年鉴	小麦产量+玉米产量+水稻产量≤粮食产量
	17	小麦播种面积	统计年鉴	
	18	玉米播种面积	统计年鉴	
	19	水稻播种面积	统计年鉴	
	20	小麦产量	统计年鉴	
	21	玉米产量	统计年鉴	
	22	水稻产量	统计年鉴	
	23	小麦单位面积产量	统计年鉴	小麦单位面积产量、玉米单位面积产量、水稻单位面积产量的计量单位为公斤/公顷，需注意数据的合理性
	24	玉米单位面积产量	统计年鉴	
	25	水稻单位面积产量	统计年鉴	
	26	大牲畜数量	统计年鉴	
	27	水产品产量	统计年鉴	
	28	主要农业机械拥有量	统计年鉴	
	29	农林牧渔业产值	统计年鉴	
备注：凡是表列计量单位为万元/吨的指标，小数点后保留两位小数；计量单位为元/公斤/公顷/辆/台/头（只）的指标，不保留小数				

11. 乡（镇）基础指标

根据国务院普查办制定的《公共服务设施调查技术规范》中《乡（镇）基础指标统计表》，乡（镇）基础指标分为主要农作物播种面积、行政区域面积2个大类，共计5项调查指标。各项调查指标数据来源及说明见表3-13。

表3-13　乡（镇）基础指标数据来源及说明情况表

指标类型	序号	指标名称	来源资料（参考）	指标说明
一、主要农作物播种面积	01	农作物总播种面积	统计年鉴	农作物总播种面积≥小麦播种面积+玉米播种面积+水稻播种面积
	02	小麦播种面积	统计年鉴	
	03	玉米播种面积	统计年鉴	
	04	水稻播种面积	统计年鉴	
二、行政区域面积	05	行政区域面积	统计年鉴	

（二）危险化学品企业承灾体

1. 化工园区

根据国务院普查办制定的《危险化学品自然灾害承灾体调查技术规范》中《化工园区基本情况调查表》，化工园区基本情况调查指标分为园区概况、供配电、给排水、应急救援4个大类，共计22项调查指标。各项调查指标数据来源及说明见表3-14。

表3-14　化工园区基本情况调查指标数据来源及说明情况表

指标类型	序号	指标名称	来源资料（参考）	指标说明
一、园区概况	01	园区名称	营业执照/园区台账	
	02	详细地址	营业执照/园区台账	
	03	园区设立时间	园区台账	
	04	园区认定情况	认定名单	

表 3-14（续）

指标类型	序号	指标名称	来源资料（参考）	指标说明
一、园区概况	05	园区四至范围内近10年发生泥石流（含滑坡）次数	单位大事记	
	06	园区内企业数量	园区台账	园区内企业数量≥园区内危险化学品企业数量
	07	园区内危险化学品企业数量	园区台账/生产许可证/经营许可证/安全许可证	园区内危险化学品企业数量=危险化学品生产企业数量+危险化学品经营（储存）企业数量+使用危险化学品从事生产的化工企业数量+除危险化学品生产、经营（储存）、使用企业之外的其他企业
	08	危险化学品生产企业数量	园区台账/生产许可证	
	09	危险化学品经营（储存）企业数量	园区台账/经营（储存）许可证	
	10	使用危险化学品从事生产的化工企业数量	园区台账/使用许可证	
	11	除危险化学品生产、经营（储存）、使用企业之外的其他企业	园区台账	
二、供配电	12	电源路数	设计文件/电路资料/安全评价报告	
	13	公用变电站数量	设计文件/电路资料/安全评价报告	

表 3-14（续）

指标类型	序号	指标名称	来源资料（参考）	指标说明
二、供配电	14	园区电厂数量	设计文件/电路资料/安全评价报告/规划图纸	
三、给排水	15	供水能力	设计文件/规划文本/安全评价报告	供水能力≥用水负荷
	16	用水负荷	设计文件/规划文本/安全评价报告	
	17	污水处理能力	设计文件/规划文本/安全评价报告	
	18	最大污水排放量	设计文件/规划文本/安全评价报告	
	19	园区公共事故应急池	设计文件/规划文本/安全评价报告/规划图纸	
四、应急救援	20	园区是否有应急救援和指挥信息平台	应急救援和指挥信息平台	
	21	是否有专职的危险化学品应急救援队伍	专职应急救援队伍资质认定/专职应急救援队伍台账	
	22	公用管廊是否进行统一管理	设计文件/规划文本/安全评价报告	
备注：调查范围包括已认证的化工园区与未认证的化工集中区				

2. 企业基础信息

根据国务院普查办制定的《危险化学品自然灾害承灾体调查技术规范》中《企业基础信息调查表》，企业基础信息调查指标分为基本概况、企业防灾减灾能力概况、自企业建成之日起自然灾害次生危险化学品事故数量 3 个大类，共计 24 项调查指标。各项调查指标数据来源及说明见表 3-15。若企业涉及重大危险源，还应填报《重大危险源企业危险源信息台账表》，涉及化学品名称、种类、设计温度、设计压力、数量、存在形式6项指标。

表3-15　企业基础信息调查指标数据来源及说明情况表

指标类型	序号	指标名称	来源资料（参考）	指标说明
一、基本概况	01	企业名称	营业执照/许可证	
	02	全国统一社会信用代码	营业执照/许可证	
	03	详细地址	营业执照	
	04	是否位于化工园区（化工集中区）	设计文件/安全评价报告	
	05	开业（成立）时间	营业执照	
	06	建设状态	营业执照/安全评价报告	
	07	最大当班人员数	安全评价报告	
	08	企业类型	营业执照/许可证	
	09	危险化工工艺类型	许可证	
	10	安全生产标准化等级	标准化等级证书	
	11	重大危险源辨识情况	安全评价报告/重大危险源安全评估报告	
二、企业防灾减灾能力概况	12	设计抗震烈度	设计文件/安全评价报告	
	13	防洪标准	设计文件/安全评价报告	

表 3-15（续）

指标类型	序号	指标名称	来源资料（参考）	指标说明
二、企业防灾减灾能力概况	14	是否双电源供电	设计文件/安全评价报告	双电源供电指2个或者2个以上供电电源。即由2个独立变电所引出两路电源，或者由1个变电所2台变压器的两段母线上分别各引一路电源。危险化学品企业的柴油发电机和UPS仅供关键装置应急用电使用，不能满足全场用电需求，因此对于危险化学品企业而言，二者不属于双电源供电
	15	是否双回路供电	设计文件/安全评价报告	双回路供电指2个变电所或1个变电所2个仓位出来的同等电压的2条线路，当1条线路有故障停电时，另1条线路可以马上切换投入使用。两回路可能是同一电源也可能是不同电源
	16	应急电源及功率	设计文件/安全评价报告	
	17	事故应急池	设计文件/安全评价报告/规划图纸	事故应急池容积计算方式为长×宽×高
	18	蒸汽来源	设计文件/安全评价报告	
	19	是否有危险化学品专职消防队	设计文件/安全评价报告/消防救援机构验收报告/专业消防队伍规章制度	

表 3-15（续）

指标类型	序号	指标名称	来源资料（参考）	指标说明
三、自企业建成之日起自然灾害次生危险化学品事故数量	20	雷击	单位大事记	
	21	地震	单位大事记	
	22	洪水	单位大事记	
	23	台风/大风	单位大事记	
	24	泥石流（含滑坡）	单位大事记	

3. 加油加气加氢站基础信息

根据国务院普查办制定的《危险化学品自然灾害承灾体调查技术规范》中《加油加气加氢站基础信息调查表》，加油加气加氢站基础信息调查包括企业名称、全国统一社会信用代码、详细地址、是否位于化工园区、开业（成立）时间、企业类型、等级划分、安全生产标准化等级、总容积（量）、储罐类型 10 项指标。各项调查指标数据来源及说明见表 3-16。

表 3-16 加油加气加氢站基础信息调查指标数据来源及说明情况表

序号	指标名称	来源资料（参考）	指标说明
01	企业名称	营业执照/许可证	
02	全国统一社会信用代码	营业执照/许可证	
03	详细地址	营业执照	
04	是否位于化工园区	设计文件/安全评价报告	
05	开业（成立）时间	营业执照/安全评价报告	
06	企业类型	营业执照/许可证	
07	等级划分	营业执照	对于 CNG 加气站，等级划分选择“其他”

表 3-16（续）

序号	指标名称	来源资料（参考）	指标说明
08	安全生产标准化等级	标准化等级证书	
09	总容积（量）	安全评价报告/综合评价报告	若指标 06（企业类型）填加油站时，则总容积（量）只填写油罐总容积（m^3）。若指标 06（企业类型）填 LPG 加气站，CNG 加气站，LNG 加气站、L－CNG 加气站、LNG 和 L-CNG 加气合建站任一时，则总容积（量）只填写气罐总容积（m^3）。若指标 06（企业类型）填加氢站时，则总容积（量）只填写储氢罐总容量（kg）。若指标 06（企业类型）填加油加气合建站时，则总容积（量）应填写油罐总容积（m^3）、气罐总容积（m^3）两项。若指标 06（企业类型）填加氢加油合建站时，则总容积（量）应填写油罐总容积（m^3）、储氢罐总容量（kg）两项。若指标 06（企业类型）填加氢加气合建站时，则总容积（量）应填写气罐总容积（m^3）、储氢罐总容量（kg）两项
10	储罐类型		

（三）非煤矿山承灾体

1. 金属非金属露天矿山

根据国务院普查办制定的《非煤矿山自然灾害承灾体调查技术规范》中《金属非金属露天矿山承灾体调查表》，金属非金属露天矿山调查指标分为矿山基础信息、露天矿山防灾减灾能力、露天矿山设防能力、排土场设防能力、历史事故信息（近 20 年）5 个大类，共计 44 项调查指标。各项调查指标数据来源及说明见表 3-17。

表 3-17　金属非金属露天矿山调查指标数据来源及说明情况表

指标类型	序号	指标名称	来源资料（参考）	指标说明
一、矿山基础信息	01	矿山名称	采矿许可证	
	02	所属企业名称	采矿许可证	若无所属企业，填写矿山所在乡（镇）政府名称
	03	矿山地址	采矿许可证	
	04	生产状态	实地调查	
	05	矿种	采矿许可证	
	06	采矿许可证编号	采矿许可证	
	07	安全生产许可证持证状态	安全生产许可证	
	08	设计开采规模	安全生产许可证	
	09	设计开采标高	采矿许可证	
	10	周边是否存在潜在地质/洪水灾害影响	矿山设计文件/补充勘察设计文件	
	11	员工人数	员工花名册	
	12	单班最大在岗人数	员工花名册	
	13	固定资产净值	财务报表	
	14	地震烈度	区域地震等级	
	15	设计最终边坡高度	矿山设计报告/变更设计/验收评价	
	16	设计最终边坡角	矿山设计报告/变更设计/验收评价	
二、露天矿山防灾减灾能力	17	是否把自然灾害防治纳入企业应急管理工作	企业应急预案	
	18	矿山救护队的类别	企业应急预案	
	19	若有专职救护队，专职矿山救护队的规模	企业应急预案	

表 3-17（续）

指标类型	序号	指标名称	来源资料（参考）	指标说明
三、露天矿山设防能力	20	工业场地是否在可能发生的滑坡体冲击范围内	矿山设计报告/变更设计/验收评价	
	21	工业场地是否在可能发生的泥石流冲击范围内	矿山设计报告/变更设计/验收评价	
	22	工业场地是否在可能发生的洪水淹没范围内	矿山设计报告/变更设计/验收评价	
	23	滑坡灾害预防范措施	企业应急预案	
	24	崩塌灾害预防范措施	企业应急预案	
	25	泥石流灾害预防范措施	企业应急预案	
	26	主要建（构）筑物抗震设防烈度	矿山设计报告/变更设计/验收评价	
	27	边坡安全监测系统建设情况	矿山设计报告/变更设计/验收评价	
	28	是否设置截洪沟（截排水沟）	矿山设计报告/变更设计/验收评价	若填“否”，则指标29不填
	29	截洪沟（截排水沟）是否符合设计要求	矿山设计报告/变更设计/验收评价	
四、排土场设防能力	30	排土场数量	矿山设计报告/变更设计/验收评价	若数量为0，则指标31~41不填；若数量为2及以上，则排土场设防能力调查内容转为台账表形式，排土场逐个填报指标31~41
	31	排土场地址	矿山设计报告/变更设计/验收评价	

表 3-17（续）

指标类型	序号	指标名称	来源资料（参考）	指标说明
四、排土场设防能力	32	生产状态	矿山设计报告/变更设计/验收评价	
	33	位置信息	矿山设计报告/变更设计/验收评价	
	34	排土场是否在可能发生的滑坡体冲击范围内	矿山设计报告/变更设计/验收评价	
	35	排土场是否在可能发生的泥石流冲击范围内	矿山设计报告/变更设计/验收评价	
	36	排土场是否在可能发生的洪水淹没范围内	矿山设计报告/变更设计/验收评价	
	37	设计最终边坡角	矿山设计报告/变更设计/验收评价	
	38	设计堆置高度	矿山设计报告/变更设计/验收评价	
	39	排土场滑坡灾害预防范措施	矿山设计报告/变更设计/验收评价	
	40	是否设置截洪沟（截排水沟）	矿山设计报告/变更设计/验收评价	若填“否”，则指标41不填
	41	截洪沟（截排水沟）是否符合设计要求	矿山设计报告/变更设计/验收评价	
五、历史事故信息（近20年）	42	地震灾害导致矿山灾害事故次数	单位受灾记录/地方志	
	43	地质灾害导致矿山灾害事故次数	单位受灾记录/地方志	
	44	洪水灾害导致矿山灾害事故次数	单位受灾记录/地方志	

2. 尾矿库

根据国务院普查办制定的《非煤矿山自然灾害承灾体调查技术规范》中《尾矿库承灾体调查表》，尾矿库调查指标分为基础信息、尾矿库防灾减灾能力、尾矿库设防能力、历史事故信息（近20年）4个大类，共计32项调查指标。各项调查指标数据来源及说明见表3-18。

表3-18 尾矿库调查指标数据来源及说明情况表

指标类型	序号	指标名称	来源资料（参考）	指标说明
一、基础信息	01	尾矿库名称	安全生产许可证	
	02	单位名称	企业营业执照	若无所属企业，填写尾矿库所在乡（镇）政府名称
	03	尾矿库地址	企业营业执照	
	04	生产状态	实地调查	
	05	设计总库容	初步设计/安全设施设计/变更设计	
	06	设计总坝高	初步设计/安全设施设计/变更设计	
	07	排洪设施型式	初步设计/安全设施设计/变更设计	
	08	库区汇水面积	初步设计/安全设施设计/变更设计	
	09	设计防洪标准	初步设计/安全设施设计/变更设计	
	10	调洪演算是否按防洪标准要求的年份内最大洪水计算	初步设计/安全设施设计/变更设计/现状评价报告	
	11	库区是否存在潜在地质灾害影响	设计文件/补充勘察设计文件	

表 3-18（续）

指标类型	序号	指标名称	来源资料（参考）	指标说明
一、基础信息	12	地震烈度	区域地震等级	
	13	固定资产净值	财务报表	
	14	是否头顶库	初步设计/安全设施设计/变更设计/现状评价报告	选择“是”时，指标15不填；选择“否”时，指标16~17不填
	15	单班最大在岗人数	员工花名册	
	16	下游1 km内总人数（含单班最大在岗人数）	初步设计/安全设施设计/变更设计/现状评价报告	
	17	下游1 km内重要设施情况（如学校、厂矿、道路、铁路、桥梁情况等）	初步设计/安全设施设计/变更设计/现状评价报告	
二、尾矿库防灾减灾能力	18	是否把自然灾害防治纳入企业应急管理工作	企业应急预案	
	19	矿山救护队的类别	企业应急预案	
	20	若有专职救护队，专职矿山救护队的规模	企业应急预案	
三、尾矿库设防能力	21	尾矿坝地震设计烈度	初步设计/安全设施设计/变更设计	
	22	库区是否在可能发生的滑坡体冲击范围内	初步设计/安全设施设计/变更设计	

表 3-18（续）

指标类型	序号	指标名称	来源资料（参考）	指标说明
三、尾矿库设防能力	23	库区是否在可能发生的泥石流冲击范围内	初步设计/安全设施设计/变更设计	
	24	尾矿库上游是否有其他水利设施	初步设计/安全设施设计/变更设计	
	25	滑坡灾害防范措施	企业应急预案	
	26	泥石流灾害防范措施	企业应急预案	
	27	安全监测系统建设情况	初步设计/安全设施设计/变更设计	
	28	是否设置截洪沟（截排水沟）	初步设计/安全设施设计/变更设计	若填“否”，则指标29不填
	29	截洪沟（截排水沟）是否符合设计要求	初步设计/安全设施设计/变更设计	
四、历史事故信息（近20年）	30	地震灾害导致尾矿库灾害事故次数	单位受灾记录/地方志	
	31	地质灾害导致尾矿库灾害事故次数	单位受灾记录/地方志	
	32	洪水灾害导致尾矿库灾害事故次数	单位受灾记录/地方志	

第三节　减灾能力调查

一、调查对象

减灾能力调查对象包括政府减灾能力、企业与社会组织减灾能力、乡镇与社区减灾能力、家庭减灾能力4个调查中类，调查技术规范分别为《政府减灾能力调查技术规范》《企业与社会组织减灾能力调查技术规范》《乡镇与社区减灾能力调查技术规范》《家庭减灾能力调查技术规范》。其中，政府减灾能力调查涵盖政府灾害管理能力、政府专职和企事业专职消防队伍与装备、森林消防队伍与装备、航空护林站队伍与装备、地震专业救援队伍与装备、危化/油气行业救援队伍与装备、救灾物资储备库（点）、应急避难场所、地质灾害监测和工程防治9个小类；企业与社会组织减灾能力调查涵盖大型企业救援装备和专职救援队伍、保险和再保险企业、社会组织3个小类；乡镇与社区减灾能力调查涵盖乡镇（街道）和社区（行政村）2个小类；家庭减灾能力包含抽样家庭和自愿填报家庭调查。减灾能力调查对象分布见表3-19。

表3-19　减灾能力调查对象分布表

调查中类	调查小类	调查对象范围	统计原则	对象层级	空间信息
政府	政府灾害管理能力	市、区两级应急管理、地震、气象、水利、自然资源（地质）、园林绿化、农业农村、交通、住房和城乡建设、科学技术等部门	属地统计	市、区两级	点状
	政府专职和企事业专职消防队伍与装备	各区行政区域内所有政府专职消防队、企事业单位专职消防队、综合性消防救援队伍，不含社会应急力量消防队伍。其中，综合性消防救援队伍的调查为北京市自选任务	在地统计	区级	点状

表 3-19（续）

调查中类	调查小类	调查对象范围	统计原则	对象层级	空间信息
政府	森林消防队伍与装备	市、区两级应急管理或林业部门认定的专业森林消防队（森林消防专业队伍）、半专业森林消防队、森林应急消防队和后备森林消防队	属地统计	市、区级	点状
	航空护林站队伍与装备	市级应急管理部门认定的航空护林站	属地统计	市级	点状
	地震专业救援队伍与装备	市级应急管理部门认定的地震专业救援队伍	属地统计	市级	点状
	危化/油气行业救援队伍与装备	市级应急管理部门认定危化/油气行业救援队伍	属地统计	市级	点状
	救灾物资储备库（点）	市、区两级应急管理、粮食和物资储备等部门认定的救灾物资储备库和储备点。由政府主要投资建设的、用于储备自然灾害应急物资的储备库（储备点）	属地统计	市、区两级	点状
	应急避难场所	市、区两级应急管理、地震、人防等部门认定的应急避难场所，以及乡镇、社区级所属的所有类型的避难场所，包括应急避难场所、防灾避难场所、自然灾害避灾点、受灾人员集中安置点、避灾安置场所、人防工程避难所、地质灾害搬迁避让场所等。其中，对乡镇、社区级所属的所有类型的避难场所，为北京市自选任务	在地统计	市、区两级	点状
	地质灾害监测和工程防治	区级自然资源（地质）部门调查开展自动化监测和开展工程治理的地质灾害（崩塌、滑坡、泥石流）情况	—	区级	无

表 3-19（续）

调查中类	调查小类	调查对象范围	统计原则	对象层级	空间信息
企业与社会组织	大型企业救援装备和专职救援队伍	从事救援装备生产，土木工程、建筑工程，矿业开采等施工活动的市级大型企业。大型企业的统计范围标准：资产总额 ≥ 80000 万元以上或营业收入≥40000万元的大型省级国有企业	属地统计与在地统计相结合	市级	点状
	保险和再保险企业	主要保险和再保险企业总部和北京市分公司	属地统计	市级	点状
	社会组织	市、区两级民政部门登记管理、主要开展防灾减灾救灾和应急救援业务的社会组织，以及各级红十字会组织；同一社会组织分设多支救援队伍的，应分别填报	属地统计	市、区两级	点状
乡镇与社区	乡镇（街道）	所有乡镇（街道）	在地统计	区级	点状
	社区（行政村）	所有社区（行政村）	在地统计	区级	点状
家庭	—	抽样家庭、社会自愿填报家庭	—	区级	无

备注：

（1）属地统计：指按被调查单位的隶属关系进行统计，即由被调查单位所隶属的上级机构所在的政府统计部门或业务部门进行归口统计。

（2）在地统计：按照被调查单位坐落的行政区域范围进行统计，即在该行政区域范围内的各类企事业单位、党政机关、社会团体，不论其行政隶属关系、所有制性质、经营方式如何，均由所在地的政府统计部门依法实施统计管理和开展统计调查。

（3）属地统计与在地统计相结合：市级行业部门确定初步普查对象清单，区级行业部门实地调研确定最终普查范围

二、调查内容

政府减灾能力的调查内容主要包括名称、地址等基本情况，各类人员数量等人员情况，防灾减灾规划情况，设施、车辆等装备情况，应急预案情况，上年度救援任务情况，空间位置信息等。

企业与社会组织减灾能力的调查内容主要包括名称、地址等基本情况，救援队伍数量等人员情况，设施与物资等装备情况，空间位置信息等。

乡镇与社区减灾能力的调查内容主要包括名称、地址、常住人口、总户数、灾害信息员等基本情况，灾害风险隐患排查开展情况，应急预案、防灾减灾投入、应急避难场所等防灾减灾救灾能力建设情况，防灾减灾投入情况，设施和物资等装备情况，空间位置信息等。

家庭减灾能力的调查内容主要包括家庭人数、成员年龄、成员学历、家庭收入等家庭基本信息，家庭成员灾害认知情况，家庭成员灾害自救互救能力等。

三、工作流程

（一）政府减灾能力、企业与社会组织减灾能力、乡镇与社区减灾能力

政府减灾能力、企业与社会组织减灾能力、乡镇与社区减灾能力工作流程基本遵循清查、调查、质检核查、成果汇集的基本步骤。

（1）清查。调查对象清查主要是为了摸清调查对象目录、基本情况和分布情况，确保调查对象不重不漏，为调查打下基础。本阶段采用在地统计或属地统计的原则，由市、区两级应急管理部门牵头，协调相关行业部门，利用统一开发的软件，开展对象的清查工作，并对清查数据进行质量审核。数据审核通过，依托系统提交至上级应急管理部门；数据审核未通过，返回组织填报部门进行修

正后提交，直至审核通过。本阶段是为了摸清需要调查对象的名称、代码（可选）、地址等信息，其中乡镇（街道）、社区（行政村）中名称、地址、行政区划代码沿用前期普查区划更新工作中相关成果。

（2）调查。基于调查工作底图和清查名录，采用在地统计的原则，依托全国自然灾害综合风险调查软件系统和外业调查 App，采集各类调查对象指标信息。填表人对调查对象空间数据进行核实，对调查指标属性信息进行逐项填报，并经单位负责人和统计负责人审核后，完成填报。

（3）质检核查。数据审核包含系统质检、人工质检、外业核查、重点督查等环节。各区应急管理部门负责对本级相关政府部门填报的数据进行初步审核，并针对各方发现的问题不断对数据修正完善；市应急管理部门负责对全部填报数据进行审核、质检、核查、汇总。

（4）成果汇集。市、区两级应急管理部门对调查数据不断修正通过后，由市应急管理部门统一汇交至应急管理部。

（二）家庭减灾能力

家庭减灾能力调查工作包括政府部门组织填报和社会自愿填报两种组织方式。其中，以政府部门组织填报为主，同时通过发送答题链接、二维码等方式，借助“5・12”防灾减灾日、安全生产月等活动广泛宣传。可通过扫码进行社会自愿填报作为补充，社会自愿填报不可替代抽样家庭填报，数据入库方式应进行严格区分。政府组织实施家庭减灾能力调查的工作流程（图 3-2）如下。

（1）家庭抽样。为了确保样本的代表性且能够科学地反映各地区真实的家庭减灾能力，国务院普查办利用分层 PPS（概率比率规模抽样）抽样方法抽取社区（行政村），将社区（行政村）名单发送到北京市普查办公室。市普查办下发清单并指导各区普查办，依据社区（行政村）的花名册，采取等距法确定入户家庭清单。

（2）调查。抽样调查以各区为基本统计单元组织开展，区普

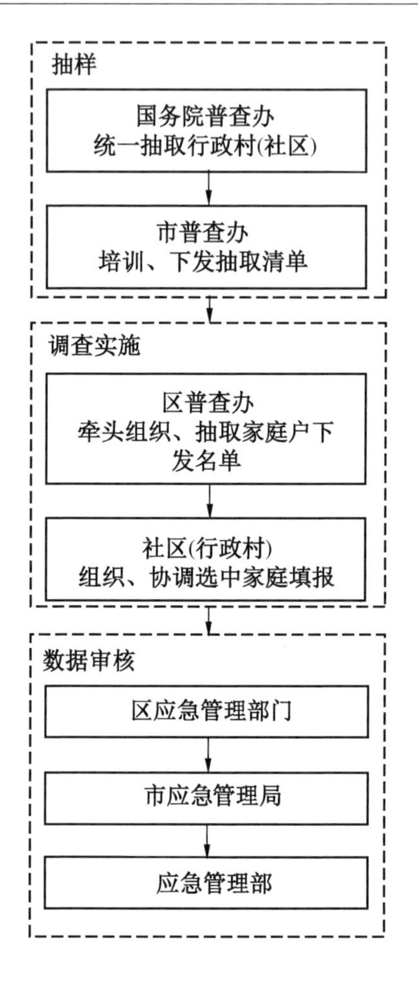

图 3-2　政府组织家庭减灾能力调查流程图

查办组织辖区内各乡镇（街道）政府共同完成本辖区内调查实施工作。行政村（社区）负责组织、协助抽样选中的家庭如实填报《家庭减灾能力调查表》。

（3）数据审核。各级应急管理部门负责对本级相关政府部门填报的数据进行初步审核，市应急管理局负责对全部填报数据进行审核、质检、核查、汇总。

（4）成果汇集。各级调查数据在质检合格后统一汇交至市应急管理局，并由市应急管理局统一汇交至应急管理部。

四、调查指标数据来源及说明

（一）政府减灾能力

1. 政府灾害管理能力

根据国务院普查办制定的《政府减灾能力调查技术规范》中《政府灾害管理能力调查表》，政府灾害管理能力调查指标分为单位概况、队伍情况、防灾减灾规划、灾害相关应急预案、综合减灾资金投入5个大类，共计31项调查指标。各项调查指标数据来源及说明见表3-20。

表3-20　政府灾害管理能力调查指标数据来源及说明情况表

指标类型	序号	指标名称	数据来源（参考）	指标说明
一、单位概况	01	单位名称	法人证书/企业公开查询平台	应填写全称、不可简化
	02	单位地址	外业调查	填写实际办公地址，具体到门牌号
	03	机构编码	企业公开查询平台	
	04	单位级别	—	北京市仅有市、区两级。在单位级别指标填报中市级行业部门选择省级，区级行业部门选择县级
	05	直属涉灾事业单位数量	三定方案	
二、队伍情况	06	灾害管理领域	单位职责	
	07	灾害管理人员总数	三定方案/人员通信录/人员清单等	本级部门及直属涉灾事业单位从事自然灾害监测、预警、评估、管理等工作的总人数
	08	正式聘用的专家队伍人员总数	专家人员清单/任命文件/聘用证书	不含直属涉灾事业单位专家团队人员数量

表 3-20（续）

指标类型	序号	指标名称	数据来源（参考）	指标说明
三、防灾减灾规划	09	2016年（含）以来制定的防灾减灾规划数量	单位官网/灾害相关规划文件	防灾减灾规划名称列表总数量，需要与防灾减灾规划数量一致
	10	规划1名称		（1）防灾减灾规划包括综合性规划和专项规划等；（2）填写规划发布时间
	11	规划1制定时间		
	12	规划2名称		
	13	规划2制定时间		
	14	规划n名称		
	15	规划n制定时间		
四、灾害相关应急预案	16	灾害相关预案总数	单位官网/灾害相关预案文件	应急预案名称列表总数量，需要与应急预案数量一致
	17	预案1名称		（1）应急预案包括与灾害相关的总体预案、专项预案和部门预案等。（2）应急预案如三年内多次修订，仅需填写最近修订的预案名称及时间
	18	预案1制定或最新修订时间		
	19	预案2名称		
	20	预案2制定或最新修订时间		
	21	预案n名称		
	22	预案n制定或最新修订时间		
五、综合减灾资金投入	23	上一年度教育支出	单位官网/2020年相应单位支出决算表	功能科目205中剔除20502的部分
	24	上一年度科学技术支出		功能科目为20609；科学技术部门只填写本指标
	25	上一年度农林水支出		功能科目为213

表 3-20（续）

指标类型	序号	指标名称	数据来源（参考）	指标说明
五、综合减灾资金投入	26	上一年度自然资源海洋气象等支出	单位官网/2020 年相应单位支出决算表	功能科目为 220
	27	上一年度粮油物资储备支出		功能科目为 222
	28	上一年度灾害防治及应急支出		功能科目为 224；上一年度灾害防治及应急支出≥应急管理事务支出+自然灾害防治支出+自然灾害救助及恢复重建支出
	29	应急管理事务支出		功能科目为 22401
	30	自然灾害防治支出		功能科目为 22406
	31	自然灾害救助及恢复重建支出		功能科目为 22407
备注：调查表格第三部分（防灾减灾规划）、第四部分（灾害相关应急预案）、第五部分（综合减灾资金投入），依据《中华人民共和国政府信息公开条例》（中华人民共和国国务院令第 711 号），为主动公开内容，可在相应单位官网查询				

2. 政府专职和企事业专职消防队伍与装备

根据国务院普查办制定的《政府减灾能力调查技术规范》中《政府专职和企事业专职消防队伍与装备调查表》，政府专职和企事业专职消防队伍与装备调查指标分为基本情况、人员情况、消防装备设备、接警出动 4 个大类，共计 30 项调查指标。各项调查指标数据来源及说明见表 3-21。

表3-21 政府专职和企事业专职消防队伍与装备调查指标数据来源及说明情况表

<table>
<tr><th>指标类型</th><th>序号</th><th>指标名称</th><th>数据来源（参考）</th><th>指标说明</th></tr>
<tr><td rowspan="8">一、基本情况</td><td>01</td><td>队伍名称</td><td>—</td><td>为区分自选任务，综合性消防救援队伍，在救援队伍名称后增加尾缀，为××队伍（综合性）</td></tr>
<tr><td>02</td><td>队伍编号</td><td>企事业专职消防队伍可使用企业公开查询平台查找统一社会信用代码/组织机构代码</td><td>无队伍编号或涉密，填写无，不能空项</td></tr>
<tr><td>03</td><td>队伍类型</td><td>—</td><td></td></tr>
<tr><td>04</td><td>消防站类型</td><td>消防站建设文件等</td><td>按照《城市消防站建设标准》划分</td></tr>
<tr><td>05</td><td>消防站（或队伍常规活动地）地址</td><td>外业核查</td><td>实际办公地址</td></tr>
<tr><td>06</td><td>队伍组建或成立时间</td><td>消防队成立方案</td><td></td></tr>
<tr><td>07</td><td>基地（消防站）占地总面积</td><td>土地证/建设工程规划许可证</td><td rowspan="2">基地（消防站）占地总面积＞0，基地（消防站）建筑面积>0</td></tr>
<tr><td>08</td><td>基地（消防站）建筑面积</td><td>土地证/建设工程规划许可证</td></tr>
<tr><td rowspan="5">二、人员情况</td><td>09</td><td>队伍总人数</td><td>人员管理台账</td><td rowspan="4">队伍总人数≥管理指挥人员数量+专业技术人员数量+消防员数量，实际存在一人担任多职的情况，按照一人一个身份的原则进行统计</td></tr>
<tr><td>10</td><td>管理指挥人员数量</td><td>人员管理台账</td></tr>
<tr><td>11</td><td>专业技术人员数量</td><td>人员管理台账</td></tr>
<tr><td>12</td><td>消防员数量</td><td>人员管理台账</td></tr>
<tr><td>13</td><td>消防员平均年龄</td><td>上述人员年龄相加除人员数量可得</td><td></td></tr>
</table>

表 3-21（续）

指标类型	序号	指标名称	数据来源（参考）	指标说明
三、消防装备设备	14	消防车数量	设备管理台账	消防车数量≥水罐消防车数量+泡沫消防车数量+举高消防车数量+专勤消防车数量
	15	水罐消防车数量	设备管理台账	
	16	泡沫消防车数量	设备管理台账	
	17	举高消防车数量	设备管理台账	
	18	专勤消防车数量	设备管理台账	
	19	抢险救援器材数量	设备管理台账	抢险救援器材数量≥侦检类器材数量+救生类器材数量+破拆类器材数量+堵漏类器材数量+输转类器材数量+洗消类器材数量+照明排烟类器材数量
	20	侦检类器材数量	设备管理台账	
	21	救生类器材数量	设备管理台账	
	22	破拆类器材数量	设备管理台账	
	23	堵漏类器材数量	设备管理台账	
	24	输转类器材数量	设备管理台账	
	25	洗消类器材数量	设备管理台账	
	26	照明排烟类器材数量	设备管理台账	
	27	灭火器材数量	设备管理台账	灭火器材总数量，单位为“套”。对于直接用于灭火的，单独灭火或组合后形成一套灭火工具的，就是“一套”，如移动炮+水带

表 3-21（续）

指标类型	序号	指标名称	数据来源（参考）	指标说明
四、接警出动	28	上一年度接警出动次数	出警记录等工作信息记录	上一年度接警出动次数≥0
	29	上一年度接警出动人次	出警记录等工作信息记录	上一年度接警出动人次≥上一年度接警出动次数
	30	上一年度接警出动车次	出警记录等工作信息记录	上一年度接警出动车次≥上一年度接警出动次数
备注： （1）北京市结合自身实际需求，在国务院普查办要求基础上，将综合性消防救援队伍纳入调查对象，相关定义如下。 综合性消防救援队伍：由应急管理部管理，是公安消防部队、武警森林部队退出现役，成建制划归应急管理部后组建成立的。省、市、县级分别设消防救援总队、支队、大队，城市和乡镇根据需要按标准设立消防救援站。 政府专职消防队：指城市（城区、郊区）、县城由政府组建和直管，政府承担财政拨款，消防队员从社会上招聘单独编队（也可能与原武警或民警混编执勤），专门从事地方综合救援工作的消防队伍。队伍名称挂牌为××政府专职消防队。 企事业专职消防队：根据《企业事业单位专职消防队组织条例》，下列单位应当建立专职消防队：①火灾危险性大、距离当地公安消防队（站）较远的大、中型企业事业单位；②重要的港口、码头、飞机航站；③专用仓库、储油或储气基地；④国家列为重点文物保护的古建筑群；⑤当地公安消防监督部门认定应当建立专职消防队的其他单位。 （2）消防站是指消防队员工作（执勤备战）的场所，是保护城市消防安全的公共消防设施。一般由综合楼及训练场（塔）所构成。综合楼底楼为车库，上方为消防队员住宿、办公场所。训练场（塔）视规模一般由田径运动场及训练塔（用于模拟多、高层灭火救援或负重登高训练）组成				

3. 森林消防队伍与装备

根据国务院普查办制定的《政府减灾能力调查技术规范》中《森林消防队伍与装备调查表》，森林消防队伍与装备调查指标分为基本概况、人员情况、消防装备设备、森林和草原火灾抢险救援4个大类，共计22项调查指标。各项调查指标数据来源及说明见表3-22。

表3-22　森林消防队伍与装备调查指标数据来源及说明情况表

指标类型	序号	指标名称	数据来源（参考）	指标说明
一、基本概况	01	队伍名称	—	
	02	队伍编号	企事业单位组建的森林消防队伍可使用企业公开查询平台查找统一社会信用代码/组织机构代码	无队伍编号或涉密，填写无，不能空项
	03	队伍地址	外业核查	常规活动地址，最好精确到门牌号
	04	队伍类型	队伍成立方案	根据《森林消防队伍建设和管理规范》划分
	05	队伍组建或成立时间	队伍成立方案	
	06	基地（消防站）占地总面积	土地证/建设工程规划许可证	基地（消防站）占地总面积>0，基地（消防站）建筑面积>0；基地建筑面积是基地建筑物各层水平面积的总和，包括使用面积、辅助面积和结构面积
	07	基地（消防站）建筑面积	土地证/建设工程规划许可证	
二、人员情况	08	队伍总人数	人员管理台账	队伍总人数≥管理指挥人员数量+专业技术人员数量+消防员数量，实际存在一人担任多职的情况，按照一人一个身份的原则进行统计
	09	管理指挥人员数量	人员管理台账	
	10	专业技术人员数量	人员管理台账	
	11	消防员数量	人员管理台账	
	12	消防员平均年龄	上述人员年龄相加除人员数量可得	

表 3-22（续）

指标类型	序号	指标名称	数据来源（参考）	指标说明
三、消防装备设备	13	防火车（船）数量	设备管理台账	
	14	交通工具数量	设备管理台账	
	15	指挥通信设备数量	设备管理台账	
	16	灭火机具数量	设备管理台账	
	17	无人机数量	设备管理台账	
	18	防护装备数量	设备管理台账	
	19	宿营及野炊装备数量	设备管理台账	
四、森林和草原火灾抢险救援	20	上一年度处置次数	出警记录等工作信息记录	上一年度处置次数≥0
	21	上一年度抢险救援出动人次	出警记录等工作信息记录	上一年度抢险救援出动人次≥上一年度处置次数
	22	上一年度抢险救援出动车辆	出警记录等工作信息记录	上一年度抢险救援出动车辆≥上一年度处置次数

备注：各类森林消防队伍定义如下：

（1）专业森林消防队（森林消防专业队伍）：以森林防火、灭火为主，有建制、有保障，防火期集中食宿，按军事化管理的队伍。

（2）半专业森林消防队：以森林防火、灭火为主，有组织、有保障，队员相对集中，具有较好的扑火技能、装备的队伍。一旦有森林火警报告，能够迅速到达指定地点集合。

（3）森林应急消防队：由驻军、武警部队、预备役部队、民兵应急分会和公安民警等组成，经过必要的扑火技能训练和安全知识培训，配备必要扑火机具和防护装备的扑火队伍。

（4）后备森林消防队：由机关、企事业干部职工和当地群众组成，每年进行必要的扑火训练和安全知识教育。其主要任务是扑救森林火灾和运送扑火物资、参与火场清理等工作

4. 航空护林站队伍与装备

根据国务院普查办制定的《政府减灾能力调查技术规范》中《航空护林站队伍与装备调查表》，航空护林站队伍与装备调查指标分为基本概况、人员情况、基础设施、消防装备设备、抢险救援5个大类，共计37项调查指标。各项调查指标数据来源及说明见表3-23。

表3-23　航空护林站队伍与装备调查指标数据来源及说明情况表

指标类型	序号	指标名称	来源资料（参考）	指标说明
一、基本概况	01	航空护林站名称	—	
	02	航空护林站编号	企事业单位组建的航空护林站队伍可使用企业公开查询平台查找统一社会信用代码/组织机构代码	无队伍编号或涉密，填写无，不能空项
	03	航空护林站地址	外业核查	实际办公地址
	04	航空护林站类型	依据航空护林站级别选择	应选省直属站
	05	机场类型	航空护林站成立方案	依据《森林航空消防工程建设标准》选择
	06	航空护林站组建或成立时间	航空护林站成立方案	
二、人员情况	07	航空护林站总人数	人员管理台账	航空护林站总人数≥管理指挥人员数量+专业技术人员数量+地方专业消防人员数量，实际存在一人担任多职的情况，按照一人一个身份的原则进行统计
	08	管理指挥人员数量	人员管理台账	
	09	专业技术人员数量	人员管理台账	
	10	地方专业消防人员数量	人员管理台账	
	11	消防员平均年龄	上述人员年龄相加除人员数量可得	

表 3-23（续）

指标类型	序号	指标名称	来源资料（参考）	指标说明
三、基础设施	12	护林站占地总面积	土地证/建设工程规划许可证	护林站占地总面积>0，护林站建筑面积>0
	13	护林站建筑面积	土地证/建设工程规划许可证	
	14	油库容量（航煤）	实地查看	
	15	油库容量（航汽）	实地查看	
	16	跑道长×宽×厚	设计文件	
	17	野外停机坪数量	设施管理台账	
	18	野外停机坪总面积	设施管理台账	
	19	取水池数量	设施管理台账	
	20	取水池总储水量	设施管理台账	
四、消防装备设备	21	固定翼飞机数量	设施管理台账	
	22	直升机数量	设施管理台账	
	23	通信指挥车数量	设施管理台账	
	24	加油车数量	设施管理台账	
	25	运油车数量	设施管理台账	
	26	扑火装备数量	设施管理台账	
	27	无人机数量	设施管理台账	
	28	地形车数量	设施管理台账	
	29	吊桶（5 t）	设施管理台账	
	30	吊桶（3 t）	设施管理台账	
	31	吊桶（2 t）	设施管理台账	
	32	吊桶（1.5 t）	设施管理台账	
	33	吊桶（0.7 t）	设施管理台账	
	34	其他	设施管理台账	

表 3-23（续）

指标类型	序号	指标名称	来源资料（参考）	指标说明
五、抢险救援	35	上一年度事故处置次数	出警记录等工作信息记录	如上一年度事故处置次数＞0，则上一年度抢险救援出动人次>0
	36	上一年度抢险救援出动人次	出警记录等工作信息记录	
	37	上一年度抢险救援出动飞机架次	出警记录等工作信息记录	
备注：航空护林站是实施森林航空消防任务负责航站和森防机场建设及管理的单位，其主业以预防和扑救森林火灾为主				

5. 地震专业救援队伍与装备

根据国务院普查办制定的《政府减灾能力调查技术规范》中《地震专业救援队伍与装备调查表》，地震专业救援队伍与装备调查指标分为基本概况、人员情况、救援装备、抢险救援 4 个大类，共计 22 项调查指标。各项调查指标数据来源及说明见表 3-24。

表 3-24　地震专业救援队伍与装备调查指标数据来源及说明情况表

指标类型	序号	指标名称	数据来源（参考）	指标说明
一、基本概况	01	队伍名称	—	队伍出队救援时对外的官方名称
	02	队伍编号	—	无队伍编号或涉密，填写无，不能空项
	03	队伍地址	外业核查	填写队伍集合点位地址
	04	队伍组建或成立时间	地震救援队伍组建方案	（例如：2018/05）

表 3-24（续）

指标类型	序号	指标名称	数据来源（参考）	指标说明
一、基本概况	05	基地占地总面积	土地证/建设工程规划许可证	基地占地总面积>0，基地建筑面积>0；基地建筑面积指基地建筑物各层水平面积的总和，包括使用面积、辅助面积和结构面积
	06	基地建筑面积	土地证/建设工程规划许可证	
二、人员情况	07	总人数	人员管理台账	总人数≥管理人员数量+搜救人员数量，实际存在一人担任多职的情况，按照一人一个身份的原则进行统计
	08	管理人员数量	人员管理台账	
	09	搜救人员数量	人员管理台账	
	10	搜救人员平均年龄	搜救人员年龄相加除人员数量可得	
三、救援装备	11	侦检类装备总数量	设备管理台账	
	12	搜索类装备总数量	设备管理台账	
	13	搜救犬数量	设备管理台账	
	14	营救类装备总数量	设备管理台账	
	15	医疗类装备总数量	设备管理台账	
	16	通信类装备总数量	设备管理台账	
	17	信息类装备总数量	设备管理台账	
	18	后勤类装备总数量	设备管理台账	
	19	车辆类装备总数量	设备管理台账	
四、抢险救援	20	上一年度参与地震抢险救援次数	救援记录等工作信息记录	上一年度参与地震抢险救援人次≥上一年度参与地震抢险救援次数
	21	上一年度参与地震抢险救援人次	救援记录等工作信息记录	
	22	上一年度成功救援总人数	救援记录等工作信息记录	

表 3-24（续）

指标类型	序号	指标名称	数据来源（参考）	指标说明
备注：地震专业救援队伍是指在地震灾害或其他突发性事件中造成建（构）筑物倒塌时，对被压埋人员实施紧急搜索与营救的专门队伍。救援队整合了搜救、医疗、工程、地震等多方面的力量和专家，是以抢救因地震或工程灾害导致的被埋压人员生命为主要任务的救援队。				

6. 危化/油气行业救援队伍与装备

根据国务院普查办制定的《政府减灾能力调查技术规范》中《危化/油气行业救援队伍与装备调查表》，危化/油气行业救援队伍与装备调查指标分为基本概况、队伍规模、重要装备、救援任务4个大类，共计41项调查指标。各项调查指标数据来源及说明见表3-25。

表 3-25　危化/油气行业救援队伍与装备调查指标数据来源及说明情况表

指标类型	序号	指标名称	数据来源（参考）	指标说明
一、基本概况	01	队伍名称		
	02	队伍编号	企事业单位组建的危化/油气行业救援队伍可使用企业公开查询平台查找统一社会信用代码/组织机构代码	无队伍编号或涉密，填写无，不能空项
	03	队伍地址	外业核查	实际办公地点
	04	队伍主要业务领域	队伍组建方案	
	05	队伍组建或成立时间	队伍组建方案	（例如：2018/05）
	06	基地占地总面积	土地证/建设工程规划许可证	基地占地总面积>0，基地建筑面积>0
	07	基地建筑面积	土地证/建设工程规划许可证	

表 3-25（续）

指标类型	序号	指标名称	数据来源（参考）	指标说明
二、队伍规模	08	队伍总人数	人员管理台账	队伍总人数≥管理指挥人员数量+专职救援人员数量；管理指挥人员指队长、负责联络协调信息和媒体等管理层人员数量
	09	管理指挥人员数量	人员管理台账	
	10	专职救援人员数量	人员管理台账	
	11	专职救援人员平均年龄	专职救援人员年龄相加除人员数量可得	
三、重要装备	12	举高喷射车数量	设备管理台账	可参见《国家级陆上油气田应急救援队伍装备配备要求》（AQ/T 2067—2018）
	13	举高喷射车最大举高高度	设备管理台账	
	14	举高喷射车最大射程	设备管理台账	
	15	重型泡沫消防车数量	设备管理台账	
	16	重型泡沫消防车最大射程	设备管理台账	
	17	泡沫水罐车数量	设备管理台账	参见《危险化学品应急救援队伍建设规范》
	18	泡沫水罐车最大射程	设备管理台账	
	19	涡喷消防车数量	设备管理台账	可参见《国家级陆上油气田应急救援队伍装备配备要求》（AQ/T 2067—2018）
	20	涡喷消防车最大射程	设备管理台账	
	21	泡沫补给车数量	设备管理台账	
	22	泡沫补给车携带泡沫量	设备管理台账	

表 3-25（续）

指标类型	序号	指标名称	数据来源（参考）	指标说明
三、重要装备	23	泡沫补给车补给速度	设备管理台账	可参见《国家级陆上油气田应急救援队伍装备配备要求》（AQ/T 2067—2018）
	24	干粉消防车数量	设备管理台账	
	25	干粉消防车最大射程	设备管理台账	
	26	工程抢险堵漏车数量	设备管理台账	
	27	破拆器材数量	设备管理台账	
	28	堵漏器材数量	设备管理台账	
	29	供气消防车数量	设备管理台账	
	30	远程供水车数量	设备管理台账	
	31	远程供水车供水距离	设备管理台账	
	32	举高三相射流消防车数量	设备管理台账	
	33	举高三相射流消防车最大举高高度	设备管理台账	
	34	举高三相射流消防车最大射程	设备管理台账	
	35	化学洗消车数量	设备管理台账	
	36	大流量拖车消防炮数量	设备管理台账	
	37	大流量拖车消防炮最大射程	设备管理台账	
	38	卫星通信指挥车数量	设备管理台账	

表 3-25（续）

指标类型	序号	指标名称	数据来源（参考）	指标说明
四、救援任务	39	上一年度参加救援任务次数	救援记录等工作信息记录	上一年度参加救援任务次数≤上一年度参加救援任务人次
	40	上一年度参加救援任务人次	救援记录等工作信息记录	
	41	上一年度成功救援人数	救援记录等工作信息记录	

7. 救灾物资储备库（点）

根据国务院普查办制定的《政府减灾能力调查技术规范》中《救灾物资储备库（点）调查表》，救灾物资储备库（点）调查指标分为基本概况、储备物资、上一年度救灾物资使用或调度情况 3 个大类，共计 36 项调查指标。各项调查指标数据来源及说明见表 3-26。

表 3-26　救灾物资储备库（点）调查指标数据来源及说明情况表

指标类型	序号	指标名称	数据来源（参考）	指标说明
一、基本概况	01	储备库名称	—	
	02	储备库地址	外业核查	
	03	储备库认定或主管部门	—	如选其他部门，应填写单位名称
	04	储备库等级	—	北京市级选择省级；区级选择县级
	05	储备库类型	—	相关行业部门所属的物资库为自有，通过签订合同等外包形式管理的为租用
	06	建成时间	物资储备库建设方案	（例如：2018/05）
	07	有效库容	合同或管理台账	如只有面积，需使用物资库面积乘以高，可得库容

表 3-26（续）

指标类型	序号	指标名称	数据来源（参考）	指标说明
一、基本概况	08	专职维护或管理人员数量（聘用 1 年以上）	职责分工方案/合同	
二、储备物资	09	生活类物资	物资管理台账	参照行业标准；如果生活类物资（救灾帐篷、棉被、棉衣、棉大衣、毛巾被、毛毯、睡袋、折叠床、简易厕所）有一项数据不为0，则生活类物资>0
	10	救灾帐篷数量	物资管理台账	
	11	棉被数量	物资管理台账	
	12	棉衣、棉大衣数量	物资管理台账	
	13	毛巾被数量	物资管理台账	
	14	毛毯数量	物资管理台账	
	15	睡袋数量	物资管理台账	
	16	折叠床数量	物资管理台账	
	17	简易厕所数量	物资管理台账	
	18	生活类物资折合金额	物资购买发票，如没有购买发票按照物资现有价格和数量折算	填写购置价格（不考虑折旧），注意单位为万元
	19	救援类物资	—	参照《中央级防汛物资储备管理细则》，如果救援类物资［橡皮船（艇）、冲锋舟、救生船、救生衣、救生圈、编织袋、麻袋、抽水泵］有一项数据不为0，则救援类物资>0
	20	橡皮船（艇）数量	物资管理台账	
	21	冲锋舟数量	物资管理台账	
	22	救生船数量	物资管理台账	
	23	救生衣数量	物资管理台账	
	24	救生圈数量	物资管理台账	
	25	编织袋数量	物资管理台账	
	26	麻袋数量	物资管理台账	
	27	抽水泵数量	物资管理台账	
	28	救援类物资折合金额	物资购买发票，如没有购买发票按照物资现有价格和数量折算	填写购置价格（不考虑折旧），注意单位为万元

表 3-26（续）

指标类型	序号	指标名称	数据来源（参考）	指标说明
二、储备物资	29	其他物资	物资管理台账	参照《中央级防汛物资储备管理细则》，如果其他物资（发电机、应急灯）有一项数据不为 0，则其他物资>0
	30	发电机数量	物资管理台账	
	31	应急灯数量	物资管理台账	
	32	其他物资折合金额	物资购买发票，如没有购买发票按照物资现有价格和数量折算	填写购置价格（不考虑折旧），注意单位为万元
三、上一年度救灾物资使用或调度情况	33	救灾帐篷数量	按照出库清单、使用或调度记录统计救灾帐篷使用数量	如果救灾物资调度（救灾帐篷、救灾衣被、救援工具）有一项数据不为 0，则折合金额>0，注意单位为万元
	34	救灾衣被数量	按照出库清单、使用或调度记录统计救灾衣被使用数量	
	35	救援工具数量	按照出库清单统计救援工具使用数量	
	36	折合金额	物资购买发票，如没有购买发票按照物资现有价格和数量折算	

8. 应急避难场所

根据国务院普查办制定的《政府减灾能力调查技术规范》中《应急避难场所调查表》，应急避难场所调查指标分为基本情况、建设管理 2 个大类，共计 28 项调查指标。各项调查指标数据来源及说明见表3-27。

表 3-27　应急避难场所调查指标数据来源及说明情况表

指标类型	序号	指标名称	数据来源（参考）	指标说明
一、基本情况	01	应急避难场所名称	—	应填写认定的名称，不能是简称
	02	应急避难场所地址	外业核查	具体到门牌号
	03	应急避难种类	—	若应急避难种类选择一种，则按总体功能定位分类为单一型；若应急避难种类选择两种及以上，则按总体功能定位分类为综合型
	04	应急避难场所建设类型	外业核查/应急避难场所认定文件	
	05	应急避难场所分级	应急避难场所认定层级	北京市级选择省级；区级选择县级
	06	按突发事件类型分类	—	
	07	按总体功能定位分类	—	单一型就是只能应对某一种灾害，比如地震应急避难场所、防汛转移安置避难场所；综合型就是可应对多种灾害类型的避难场所
	08	按避难时长设计分类	应急避难场所认定级别，并结合避难场所物资情况、应急设施情况等进行综合考虑	主要按照应急管理机构改革后，对应急避难场所的分类方式填报，临时类场所按紧急避险场所填列，中短期类场所按短期避难场所填列，中长期类场所按长期避难场所填列
	09	按空间类型分类	外业核查	若避难场所空间类型为室外，则避难场所室内面积应为 0

表 3-27（续）

指标类型	序号	指标名称	数据来源（参考）	指标说明
一、基本情况	10	应急避难场所占地总面积	应急避难场所认定文件/土地证	
	11	应急避难场所室内面积	应急避难场所认定文件/土地证/实地测量	室内实际能使用的面积
	12	应急避难场所容纳人数	计算/认定文件	确定场址有效面积，按照单人占地面积每人不小于 1.5 m^2的方式计算
	13	标志标识规范性	现场查看	
	14	物资储备情况	应急避难场所认定文件/物资管理台账/现场查看	
	15	应急设施情况	应急避难场所认定文件/现场查看	根据《地震应急避难场所场址及配套设施》（GB 21734—2008）中对各类应急设施赋予定义：①消防设施，应急期间应急篷宿区应配置灭火工具或器材设施；②通信设施，应设置广播、图像监控、有线通信等应急管理设施；③医疗设施，应设有临时或固定的用于紧急处置的医疗救护与卫生防疫设施；④供水设施，可选择设置供水管网、供水车、蓄水池、水井、机井等两种以上的供水设施，并根据所选设施和当地水质配置用于净化自然水体成为直接饮用水

表 3-27（续）

指标类型	序号	指标名称	数据来源（参考）	指标说明
一、基本情况				的净化装置，每 100 人应至少设 1 个水龙头，每 250 人应至少设 1 处饮水处。生活饮用水水质应达到《生活饮用水卫生标准》（GB 5749—2006）规定的要求；⑤供电设施，应设置保障照明、医疗、通信用电的具有多路电网供电系统或太阳能供电系统，或配置可移动发电机应急供电设施。供、发电设施应具备防触电、防雷击保护措施
	16	日常专职维护或管理人员数量	应急避难场所认定文件/工作职责/合同	不含临时或短期雇佣（1 年以下）的人员
	17	上一年度启用次数	—	上一年度启用次数一般指灾害发生了，出现居民转移安置到避难所的情况；不包括日常演练等使用避难所的情景
	18	上一年度接纳紧急转移安置人次	—	若上一年度启用次数不为 0，上一年度接纳紧急转移安置人次>0
二、建设管理	19	认定部门	—	本市一般为市、区级地震部门
	20	主管单位	—	
	21	建设单位	应急避难场所认定文件	
	22	建成（或挂牌）时间		

表 3-27（续）

指标类型	序号	指标名称	数据来源（参考）	指标说明
二、建设管理	23	建设标准	填写规范全称	例如：《地震应急避难场所场址及配套设施》（GB 21734—2008）
	24	规划情况	应急避难场建设方案	
	25	建设总投资	应急避难场所认定文件	如果基本建设投资无法核定，只填应急物资和设施投资
	26	产权/运维单位		
	27	运维投入	—	若运维投入选择“有，纳入预算”，则运维投入渠道可选“财政、自筹”；若运维投入选择“有，未纳入预算”，则运维投入渠道可选“自筹、社会”；若运维投入选择“无运维投入”，则运维投入渠道可选“财政、自筹、社会”
	28	运维投入渠道	—	

备注：
（1）北京市地震应急避难场所介绍及信息查询系统（http：//yjglj. beijing. gov. cn/yjglzt/htdocs/htdocs/index. html），可供参考。
（2）北京市地震应急避难场所认定所需报送材料如图 3-3 所示。
（3）北京市地震应急避难场所认定及核定的批复如图 3-4 所示

提供应急避难场所认定报送资料

办理环节	办理步骤	办理时限	审查标准	办理结果
申请受理	申报/收件	1个工作日	材料齐全。	收件
	受理	2个工作日	需提交：一、地震应急避难场所认定申请表（加盖公章）（申请人自备，纸质）（原件1份） 二、地震应急避难场所基本情况（包括场所名称、场所位置、建成时间、场所类型、场所类别、场所面积、疏散人数、规划设计单位、建设单位、产权单位、维护管理单位；加盖公章）（申请人自备，纸质）（原件1份） 三、设施情况（加盖公章）（申请人自备，纸质）（原件1份） 四、设计图纸（包括规划设计平面示意图和疏散路线平面示意图）（申请人自备，纸质）（1份） 五、地震应急避难场所疏散安置预案（附电子版）（申请人自备，纸质）（原件1份） 六、地震应急物资储备情况（申请人自备，纸质）（原件1份）【收起】	予以受理

图 3-3　北京市地震应急避难场所认定所需报送材料

地震应急避难场所认定及核定的批复

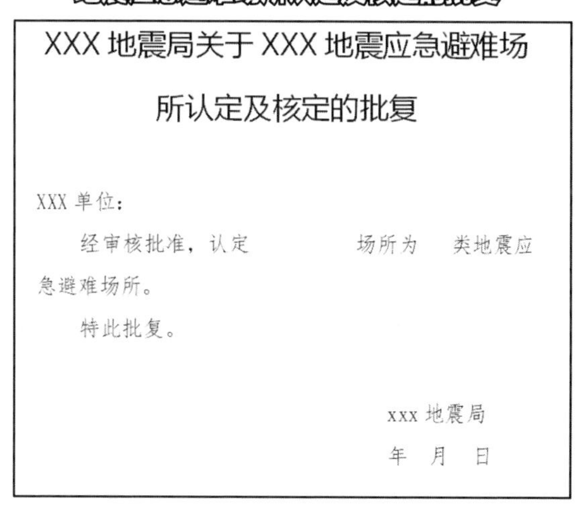

XXX 地震局关于 XXX 地震应急避难场所认定及核定的批复

XXX 单位：

经审核批准，认定　　　　　　场所为　　类地震应急避难场所。

特此批复。

xxx 地震局

年　月　日

图 3-4　北京市地震应急避难场所认定及核定的批复示意

9. 地质灾害监测和工程防治

根据国务院普查办制定的《政府减灾能力调查技术规范》中《地质灾害监测和工程防治调查表》，地质灾害监测和工程防治调查指标共计6项调查指标。各项调查指标数据来源及说明见表3-28。

表3-28 地质灾害监测和工程防治调查指标数据来源及说明情况表

序号	指标名称	数据来源（参考）	指标说明
01	辖区内开展自动化监测的崩塌、滑坡、泥石流灾害数量	日常管理台账	
02	辖区内开展工程治理的崩塌、滑坡、泥石流灾害数量	日常管理台账	工程治理措施包括遮挡工程、拦截工程、支挡工程、排水工程、护墙/护坡工程、排导停淤工程等
03	是否设立防治科室	—	
04	若有，防治科室人员数量	三定方案/人员清单	
05	是否有防治专项经费投入	—	
06	若有，上一年度投入金额	2020年相应单位支出决算表	单位为万元

（二）企业与社会组织减灾能力

1. 大型企业救援装备和专职救援队伍

根据国务院普查办制定的《企业与社会组织调查技术规范》中《大型企业救援装备和专职救援队伍调查表》，大型企业救援装备和专职救援队伍调查指标分为企业情况、大型机械化设备、专职救援队伍3个大类，共计15项指标。各项调查指标数据来源及说明见表3-29。

表3-29 大型企业救援装备和专职救援队伍调查数据来源及说明情况表

指标类型	序号	指标名称	数据来源（参考）	指标说明
一、企业情况	01	企业名称	营业执照/企业公开查询平台	全称

表 3-29（续）

指标类型	序号	指标名称	数据来源（参考）	指标说明
一、企业情况	02	企业地址	现场查看	按照实际办公地址填写，不按注册地址填写
	03	企业代码	营业执照/企业公开查询平台	
二、大型机械化设备	04	大型挖掘机（自重≥30 t）数量	维护保养记录	大型挖掘机（自重≥30 t）数量≥配备有液压剪的大型挖掘机数量+配备有拇指夹的大型挖掘机数量
	05	配备有液压剪的大型挖掘机数量		
	06	配备有拇指夹的大型挖掘机数量		
	07	大型挖掘机单机最大功率		
	08	大型汽车式起重机（自重≥15 t）数量		
	09	大型汽车式起重机单机最大起重量		
	10	大型装载机（功率≥147 kW）数量		
	11	大型装载机单机最大功率		
	12	大型履带式推土机（功率≥250 kW）数量		指功率大于 250 kW 的采用液力-机械传动的履带式推土机
	13	大型履带式推土机单机最大功率		

表 3-29（续）

指标类型	序号	指标名称	数据来源（参考）	指标说明
三、专职救援队伍	14	专职救援队伍数量	成立方案/队伍人员清单	专职救援队伍类型应在说明处明确
	15	专职救援队伍人数		
备注： （1）大型企业救援装备调查较为特殊，涉及企业所设行业部门分散，为了全面摸清此项调查任务对象。市普查办协调市市场监督管理局，按照资产总额≥80000 万元或营业收入≥4000 万元确定全市大型国有企业，再按照从事救援装备生产、土木工程、建筑工程、矿业开采等施工活动类型筛选相关企业，确定初步清单。区普查办组织普查队伍实地了解企业详情，共同确定本市大型企业救援装备和专职救援队伍调查台账。 （2）在调查阶段，企业长期租赁设备统计在内				

2. 保险和再保险企业减灾能力

根据国务院普查办制定的《企业与社会组织调查技术规范》中《保险和再保险企业减灾能力调查表》，保险和再保险企业减灾能力调查指标分为企业情况、经营范围、保险参与应急救灾情况、灾害队伍保障能力 4 个大类，共计 23 项指标。各项调查指标数据来源及说明见表 3-30。

表 3-30　保险和再保险企业减灾能力调查数据来源及说明情况表

指标类型	序号	指标名称	数据来源（参考）	指标说明
一、企业情况	01	公司名称	营业执照/企业公开查询平台	全称
	02	公司地址	现场查看	实际办公地址
	03	公司性质	营业执照/企业公开查询平台	分公司无独立营业执照，公司性质按照总公司性质填写
	04	社会信用代码/组织机构代码		

表 3-30（续）

指标类型	序号	指标名称	数据来源（参考）	指标说明
一、企业情况	05	资本公积金	上一年度财务报表/审计报告	如分公司可与总公司分开，按照实际进行填写；如不分开，这两项指标分公司填写-9999；偿付能力充足率=实际资本÷最低资本要求
	06	偿付能力充足率		
二、经营范围	07	经营险类	营业执照/公司简介等相关资料	
	08	财产险种类		
	09	承保责任范围		
	10	灾害保险产品数量	产品文件/清单列表	按照险种统计
三、保险参与应急救灾情况	11	上一年度保险/再保险业务收入额	上一年度财务报表/审计报告	企业总的业务收入额
	12	上一年度涉灾险类保费收入		上一年度涉灾险类保费收入≥上一年度农业保险收入+上一年度企业财产险保费收入
	13	上一年度农业保险收入		
	14	上一年度企业财产险保费收入		
	15	上一年度赔付支出		上一年度赔付支出≥农业保险支出+财产保险支出
	16	农业保险支出		
	17	农业保险赔付率		
	18	财产保险支出		
	19	财产险保险赔付率		

表 3-30（续）

指标类型	序号	指标名称	数据来源（参考）	指标说明
四、灾害队伍保障能力	20	专业风控人员数量	人员信息台账/人事部门管理系统等	
	21	专业核保人员数量		
	22	专业理赔人员数量		
	23	专业灾害保险研究人员数量		

3. 社会组织减灾能力

根据国务院普查办制定的《企业与社会组织调查技术规范》中《社会组织减灾能力调查表》，社会组织减灾能力调查指标分为基本概况、办公场所与队伍规模、装备物资、主要能力、上一年度开展培训和科普宣教情况、上一年度收支情况 6 个大类，共计 62 项指标。各项调查指标数据来源及说明见表 3-31。

表 3-31　社会组织减灾能力调查指标数据来源及说明情况表

指标类型	序号	指标名称	数据来源（参考）	指标说明
一、基本概况	01	组织名称	登记证书/企业公开查询平台	按注册登记证书填写；非独立注册的志愿者组织填写所属组织方的登记信息
	02	机构地址	现场查看	实际活动场所地址
	03	统一社会信用代码/组织机构代码	登记证书/企业公开查询平台	如是非法人机构的请填写上级所属机构或所属组织方的法人统一社会信用代码
	04	机构类型	登记证书	

表 3-31（续）

指标类型	序号	指标名称	数据来源（参考）	指标说明
一、基本概况	05	组织级别	—	北京市级选择省级；区级选择县级
	06	注册时间	登记证书/企业公开查询平台	
	07	注册地址		
	08	登记机关类型		
	09	登记机关		须填写全称
	10	业务主管部门		须填写全称
二、办公场所与队伍规模	11	专职人员人数	合同/人员管理清单	从事组织管理、业务工作等专职人员的数量
	12	注册志愿者数	志愿者台账/志愿者证书	在本机构登记注册并长期参加本机构活动，提供志愿服务活动的非专职人员总数。随机参与、临时性参与的志愿者不计入
	13	应急救援专业技术人员数	应急救援专业技术人员台账/专业技术、职业资格等相关证书	指具有相关专业学历或取得国家有关部门颁发的专业技术、职业资格等相关证书的专业技术或师资人员数量（专职人员、注册志愿者纳入统计范围，随机参与、临时性参与的志愿者不纳入统计范围）
	14	持证师资人数	相关专业学历证书/职业资格等相关师资证书	
	15	办公场所面积	建设工程规划许可证/设计图纸/实际测量等	办公场所面积＞0；长期租借的场地计入办公场地面积
	16	训练场地面积		训练场地面积＞0；与办公场地面积不重复计算
	17	仓库面积		仓库实际能够存放商品的有效面积

表 3-31（续）

指标类型	序号	指标名称	数据来源（参考）	指标说明
三、装备物资	18	应急救援装备/物资总价值	装备或物资清单/购买发票，如无购买发票按照现价折算	以采购价值或公允价值计算。损坏、报废装备、物资不计入统计。多用途装备物资计入主要实际用途项统计，不重复统计
	19	储备生活类救灾物资总价值	生活类物资清单/购买发票，如无购买发票按照现价折算	
	20	储备饮食类救灾物资总价值	饮食类救灾物资清单/购买发票，如无购买发票按照现价折算	
	21	应急通信和指挥装备	应急通信/指挥装备清单台账	
	22	自有客车数量	设施设备清单台账	
	23	自有客车荷载总人数	自有客车基本信息×数量	
	24	自有货运车辆数量	设施设备清单台账	
	25	自有货运车辆荷载总数量	自有货车基本信息×数量	
	26	特种作业车辆	设施设备清单台账	
	27	自有船只数量		
	28	自有船只载重量总计		
	29	发电机台数		
	30	发电机总功率	发电机设备基本信息/发电机铭牌	
	31	生命搜索装备数量	设施设备清单台账	

表 3-31（续）

指标类型	序号	指标名称	数据来源（参考）	指标说明
三、装备物资	32	搜救犬数量	搜救犬清单台账	
	33	主要营救装备数量	设施设备清单台账	指绳索系统、破拆、起重、挖掘、水下营救、灭火、给排水等主要装备的总数量
	34	主要紧急医疗救护装备数量		指急救包（箱）、担架、除颤器、监护仪、心肺复苏机、呼吸器、吸氧器、呼吸机等的总数量
	35	工程抢险与专业处置装备数量		指用于道路、电力、通信、天然气、石油、化工等工程抢险装备的总数量
	36	其他大型救援装备数量		
	37	帐篷/活动房屋数量		
	38	帐篷/活动房屋容纳总人数	帐篷基本信息	含功能帐、住宿帐、活动房屋等
四、主要能力	39	主要业务方向	企业简介/营业范围	
	40	主要救援技术特长		
	41	主要救灾赈灾业务特长		
	42	可 72 h 连续出勤最大人数	人员管理台账	能够连续 72 h 从事救援活动的专职人员和应急救援专业技术人员总数

表 3-31（续）

指标类型	序号	指标名称	数据来源（参考）	指标说明
五、上一年度开展培训和科普宣教情况	43	上一年度培训次数	培训工作信息	队内人员接收培训活动的次数；上一年度培训人次≥上一年度培训次数
	44	上一年度培训人次	签到表	
	45	上一年度内部演练次数	演练工作信息	队内专业救援演练的次数；上一年度参练人次≥上一年度内部演练次数
	46	上一年度参练人次	签到表/演练工作方案、照片	
	47	上一年度科普宣教次数	培训、活动等工作信息	对外开展线上、线下活动的总次数；上一年度科普宣教活动人次≥上一年度科普宣教次数
	48	上一年度科普宣教活动人次	签到表/活动工作方案	
	49	上一年度科普宣教受众人次	签到表/照片	上一年度科普宣教受众人次≥上一年度科普宣教次数
	50	上一年度救援救灾行动次数	照片/工作信息	上一年度救援救灾行动出动人次≥上一年度救援救灾行动次数
	51	上一年度救援救灾行动出动人次	工作信息记录	
	52	上一年度组织救援救灾演练次数	活动信息记录	对外开展演练活动次数
六、上一年度收支情况	53	上一年度总收入	审计报告	上一年度总收入=政府补贴+社会捐赠+提供服务收入+其他收入
	54	政府补贴		
	55	社会捐赠		含物资价值和资金的总和

表 3-31（续）

指标类型	序号	指标名称	数据来源（参考）	指标说明
六、上一年度收支情况	56	提供服务收入	审计报告	为社会各界提供服务的收入
	57	其他收入		
	58	上一年度总支出		上一年度总支出＝用人成本支出+培训演练支出+装备采购支出+其他支出
	59	用人成本支出		
	60	培训演练支出		
	61	装备采购支出		
	62	其他支出		
备注： （1）涉及次数与人次的关系：总人次＝每次人次相加。 （2）注意填报极大值、极小值				

（三）乡镇与社区减灾能力

1. 乡镇（街道）减灾能力

根据国务院普查办制定的《乡镇与社区减灾能力调查技术规范》中《乡镇（街道）减灾能力调查表》，乡镇（街道）减灾能力调查指标分为基本概况，隐患排查、风险评估与信息通信情况，应急预案建设、培训演练情况，资金、装备物资、场所情况 4 个大类，共计 29 项调查指标。各项调查指标数据来源及说明见表 3-32。

表 3-32　乡镇（街道）减灾能力调查指标填报说明

指标类型	序号	指标名称	数据来源（参考）	指标说明
一、基本概况	01	乡镇（街道）名称	与普查区划更新确定的乡镇（街道）名称保持一致	

表 3-32（续）

指标类型	序号	指标名称	数据来源（参考）	指标说明
一、基本概况	02	乡镇（街道）地址	与普查区划更新确定的乡镇（街道）信息保持一致/现场查看	乡镇政府（街道办）所在地
	03	乡镇（街道）代码	与普查区划更新确定的乡镇（街道）代码保持一致	
	04	年末总户数	应用第七次全国人口普查成果/第七次全国人口普查公报/统计部门统一获取	
	05	常住人口数量		
	06	影响乡镇（街道）的主要灾害类型	灾害意识	
	07	本级灾害管理工作人员总数	三定方案/人员清单	本级灾害管理工作人员总数≥本级灾害信息员人数
	08	本级灾害信息员人数	灾害信息员系统/灾害信息员台账/灾害信息员培训记录	不含辖区内各社区（行政村）的灾害信息员数量
二、隐患排查、风险评估与信息通信情况	09	是否开展过乡镇（街道）灾害风险评估	评估报告	自然灾害相关报告
	10	是否有乡镇（街道）灾害类地图	灾害危险性图/灾害风险图/隐患点分布图/应急疏散图	展示乡镇或街道防灾减灾概况的空间地图
	11	灾害预警信息接收方式	电话/微信群/可接受灾害预警信息的 OA 系统/灾情报送系统	接收上级行政部门或专业机构发送的灾害预警信息
	12	灾害预警信息传达方式		将灾害预警信息传达给辖区内各社区（村）的方式

表 3-32（续）

指标类型	序号	指标名称	数据来源（参考）	指标说明
二、隐患排查、风险评估与信息通信情况	13	灾情信息上报方式	电话/微信群/可接受灾害预警信息的 OA 系统/灾情报送系统	将辖区的自然灾害灾情信息上报给上级行政单元的常规方式
三、应急预案建设、培训演练情况	14	近 3 年编制或修订自然灾害应急预案数量	正式印发预案（总体预案/专项预案）/修订记录	若在近 3 年内编制了某一个自然灾害应急预案，同时又对此预案进行了修订，则应急预案的数量记为 1
	15	近 3 年针对自然灾害启动应急响应次数	应急响应记录信息	若没有启动或者本级没有应急预案，则填 0
	16	上一年度组织的应急管理培训和演练次数	培训、演练活动信息记录	上一年度组织的应急管理培训和演练参与人次=每次的人数叠加
	17	上一年度组织的应急管理培训和演练参与人次	培训、演练活动签到表、方案、照片等	
四、资金、装备物资、场所情况	18	乡镇（街道）综合减灾工作经费保障方式	—	
	19	上一年度防灾减灾救灾资金投入总金额	财政支出决算表/相关资金申报审批材料	应注意上一年度防灾减灾救灾资金投入总金额单位为万元
	20	救灾物资储备方式	实物储备：现场查看/储备台账 协议储备：协议合同（加盖双方公章）	

表 3-32（续）

指标类型	序号	指标名称	数据来源（参考）	指标说明
四、资金、装备物资、场所情况	21	本级救灾物资、装备储备点数量	现场查看、物资储备台账，不含消防站等专业站点和社区（乡镇村）层面的物资储备点	本级救灾物资、装备储备点数量、本级储备点救灾物资、装备数量等指标，指的是救灾物资储备方式为实物储备
	22	本级储备点救灾物资、装备数量	物资储备台账	本级储备点救灾物资、装备数量>应急电源或应急发电设备数量+应急通信设备数量+应急供水设备数量+应急医疗设备数量
	23	应急电源或应急发电设备数量		
	24	应急通信设备数量		
	25	应急供水设备数量		
	26	应急医疗设备数量		不含乡镇医院、社区卫生院储备的医疗设备和器械
	27	现有储备物资、装备折合金额	物资储备台账、物资购买发票或合同，如无可按照现价进行估算	按购置时的价格统计即可，不计折旧情况
	28	本级灾害应急避难场所数量	外业查看/避难场所管理台账	不包含社区层面的应急避难场所，以及辖区内县级及以上级别的政府部门认定、管理或建设的灾害应急避难场所
	29	本级灾害应急避难场所容量	按照每人≥1 m^2 有效面积的标准估算	

表 3-32（续）

指标类型	序号	指标名称	数据来源（参考）	指标说明
备注： （1）应急物资内容可参照《应急物资分类及编码》（GB/T 38565—2020）填报。 （2）本表中所有指标均指乡镇（街道）层面，不含所辖社区内容				

2. 社区（行政村）减灾能力

根据国务院普查办制定的《乡镇与社区减灾能力调查技术规范》中《社区（行政村）减灾能力调查表》，社区（行政村）减灾能力调查指标分为基本概况、灾害风险隐患排查情况、防灾减灾救灾能力建设情况、防灾减灾活动开展情况 4 个大类，共计 30 项调查指标。各项调查指标数据来源及说明见表 3-33。

表 3-33　社区（行政村）减灾能力调查指标数据来源及说明情况表

指标类型	序号	指标名称	数据来源（参考）	指标说明
一、基本概况	01	社区（行政村）名称	与普查区划更新确定的名称保持一致	
	02	社区（行政村）地址	与普查区划更新确定的地址保持一致/现场查看	社区委员会或村委会所在地
	03	行政区划代码（若有）	与普查区划更新确定的社区（行政村）代码保持一致	
	04	总户数	应用第七次全国人口普查成果/人员花名册	
	05	常住人口数量	应用第七次全国人口普查成果/人员花名册	常住人口数量>0~14 岁人数+65 岁（含）以上人数
	06	0~14 岁人数	应用第七次全国人口普查成果/人员花名册	
	07	65 岁（含）以上人数	应用第七次全国人口普查成果/人员花名册	

表 3-33（续）

指标类型	序号	指标名称	数据来源（参考）	指标说明
一、基本概况	08	残障人员人数	残障人员清单	持有残疾证的人员
	09	社区医疗卫生服务站或村卫生室数量	现场查看	名称常常为××社区卫生服务站、××村卫生室等
	10	是否为全国综合减灾示范社区	市应急管理局官网公布的《北京市综合减灾示范区一览表》/牌匾/认定文件	根据《全国综合减灾示范社区创建管理暂行办法》评定的社区（行政村）
	11	是否为省级综合减灾示范社区	市应急管理局官网公布的《北京市综合减灾示范区一览表》/牌匾/认定文件	
二、灾害风险隐患排查情况	12	是否有本辖区地质灾害等隐患点清单	自然灾害类隐患点清单（台账）	含地质灾害、地震灾害、气象灾害、森林火灾、水旱灾害等各类灾害
	13	是否有本辖区弱势人群清单	弱势人群清单（台账）	包括老年人、小孩、孕妇、残障人员；65 岁（含）以上人数≥0
	14	是否有社区（行政村）灾害类地图	灾害危险性图/灾害风险图/隐患点分布图/应急疏散图	展示社区或行政村防灾减灾概况的空间地图
三、防灾减灾救灾能力建设情况	15	是否有社区（行政村）应急预案	应急预案	
	16	上一年度防灾减灾救灾资金投入总金额	相关资金申报审批材料	应注意上一年度防灾减灾救灾资金投入总金额单位为万元
	17	灾害信息员人数	灾害信息员系统/灾害信息员台账/灾害信息员培训记录	

表 3-33（续）

指标类型	序号	指标名称	数据来源（参考）	指标说明
三、防灾减灾救灾能力建设情况	18	登记注册志愿者人数	志愿北京系统台账/志愿者证	在民政等部门登记注册的、具有志愿者证书的志愿者人数。北京以在志愿北京平台注册的为主
	19	民兵预备役人数	民兵预备役人员台账	年龄≤55 周岁
	20	本级灾害应急避难场所数量	外业查看/避难场所管理台账	地上公园类、人防工程类均统计在内
	21	本级灾害应急避难场所容量	按照每人≥1 m^2有效面积的标准估算	
	22	防灾减灾应急物资储备方式	实物储备：现场查看/储备台账 协议储备：协议合同（加盖双方公章）	防灾减灾应急物资储备方式选择实物储备，现有储备物资、装备折合金额>0
	23	现有储备物资、装备折合金额（实物储备时填写）	物资储备台账、物资购买发票或合同，如无购买发票可按照现价进行估算	储备的防灾减灾应急物资（实物储备）与装备折合的总价值
	24	灾害预警信息接收方式	电话/微信群/可接受灾害预警信息的 OA 系统等	接收乡镇（街道）或专业机构发送的灾害预警信息
	25	灾害预警信息传达方式		将灾害预警信息传达给辖区内居民的方式
	26	灾情信息上报方式		将辖区的自然灾害灾情信息上报给上级行政单元的常规方式

表 3-33（续）

指标类型	序号	指标名称	数据来源（参考）	指标说明
四、防灾减灾活动开展情况	27	上一年度组织的防灾减灾培训活动次数	培训活动信息记录	社区组织的培训、演练应与防灾减灾工作相关
	28	上一年度防灾减灾培训活动培训人次	培训活动签到表、照片等	
	29	上一年度组织的防灾减灾演练活动次数	演练活动信息记录	
	30	参与上一年度组织的防灾减灾演练活动的居民人次	演练活动签到表、方案、照片等	
备注： （1）常住人口为 0 的社区，应提供佐证资料，清楚描述社区实际情况。 （2）注意填报极大值、极小值				

（四）家庭减灾能力调查

根据国务院普查办制定的《家庭减灾能力调查技术规范》开展调查，家庭减灾能力调查指标分为问卷填写人员基本情况、家庭基本信息、灾害认知、灾害自救互救能力 4 个大类，共计 27 项调查指标。各项调查指标数据来源及说明见表 3-34。

表 3-34　家庭减灾能力调查指标数据来源及说明情况表

指标类型	序号	指标名称	指标释义	指标说明
一、问卷填写人员基本情况	01	问卷编号	—	
	02	填表人姓名	—	
	03	年龄	—	

表 3-34（续）

指标类型	序号	指标名称	指标释义	指标说明
一、问卷填写人员基本情况	04	职业	—	
	05	受教育程度	—	
二、家庭基本信息	06	家庭总人数	居住在一起的家庭总人数	家庭总人数≥0~10岁人数+65岁（含）以上人数
	07	0~10岁人数	—	
	08	65岁（含）以上人数	—	
	09	家庭残障人数	在肢体、语言、听力、精神、智力等方面存在功能障碍，持有残疾证的人员数量	家庭总人数≥家庭残障人数
	10	患有慢性病、需要长期服药的人数	患有糖尿病、高血压等病症，需要长期服药维持基本正常生活的家庭成员人数	
	11	高中以上学历人数	包含高中学历在内的学历，即高中学历、大学学历和研究生学历，不包括高中在校生	家庭总人数≥高中以上学历人数
	12	上一年度家庭总收入	调查家庭中生活在一起的所有家庭成员在上一年度得到的全部货币收入和实物收入	
	13	家庭主要收入来源	家庭收入的主要来源包括固定工资（含退休工资）、本市内打零工、本市外打零工、个体经营（含租金收入）、务农收入、理财（金融、证券、基金、股票）、社会救助（含城乡最低生活保障、农村五保供养、农村特困户生活救助等）等	

表 3-34（续）

指标类型	序号	指标名称	指标释义	指标说明
二、家庭基本信息	14	您家是否有人在社区（行政村）联系群（微信群或 QQ 群等）	家庭成员是否有人在由社区（行政村）建立的以本社区（行政村）居民为主的联系群（微信群或者 QQ 群）中	
三、灾害认知	15	您觉得您的家庭所在地区可能受哪些自然灾害的影响？	家庭所在地面临的主要自然灾害类型，包括地震、地质灾害（崩塌、滑坡、泥石流）、洪水、内涝、台风、风暴潮、干旱、高温热浪、沙尘暴、龙卷风、寒潮、暴雪、冰雹、雷电、森林和草原火灾等	
	16	您的家庭曾经受到过哪些自然灾害的影响？	家庭曾遭受过的自然灾害类型，包括地震、地质灾害（崩塌、滑坡、泥石流）、洪水、内涝、台风、风暴潮、干旱、高温热浪、沙尘暴、龙卷风、寒潮、暴雪、冰雹、雷电、森林和草原火灾等	
	17	您的家庭购买了哪些灾害相关的保险？	灾害保险指为了应对自然灾害造成的损失而设立的保险险种，包括地震保险、农村住房保险、家庭财产保险（面向房屋及室内家庭财产的保险）、农业保险、意外伤害保险、医疗保险	灾害保险指为了应对自然灾害造成的损失而设立的保险险种，包括地震保险、农村住房保险、家庭财产保险（面向房屋及室内家庭财产的保险）、农业保险、意外伤害保险、医疗保险

表 3-34（续）

指标类型	序号	指标名称	指标释义	指标说明
四、灾害自救互救能力	18	您家里有以下哪些应急物品？	应急物品指家庭为了应对自然灾害所必需的物资保障，包括手电筒、应急照明灯、长绳、防火毯、防烟面罩、家用小型灭火器、雨衣、救生衣、求生哨或警报器、棉线手套、锤子、剪刀、医用口罩、医用纱布、医用酒精、绷带等	
	19	出现因灾断水的情况下，您家里的干净饮用水储量能支撑全家人多久？	干净饮用水指符合生活饮用水标准的水（一个人每天大约需要 1.5 L，约三瓶普通瓶装矿泉水）	
	20	出现因灾无法供给食物的情况下，您家里存储的方便食品能支撑全家人多久？	方便食品指干的、不易腐烂的、无须烹饪的即食食物，如罐头、方便面、火腿肠、饼干等食品	
	21	您收到过哪些类型灾害的预警信息？	灾害预警信息指灾害来临之前收到的有关灾害的预报预警信息，包括地震、地质灾害（崩塌、滑坡、泥石流）、暴雨、洪水、内涝、大风、台风、风暴潮、干旱、高温、沙尘暴、龙卷风、寒潮、霜冻、暴雪、冰雹、雷电、森林和草原火灾等灾害预警信息	

表 3-34（续）

指标类型	序号	指标名称	指标释义	指标说明
四、灾害自救互救能力	22	您通过下面哪种途径了解过自然灾害相关信息？	了解自然灾害相关信息的渠道包括电视、手机短信、网页新闻、微博、微信、电台广播、电子显示屏、大喇叭广播、报刊等	
	23	您的家庭是否了解紧急避难路线？	紧急避难路线指在紧急情况下，能够将人引导到建筑物出口或避难场所等地的预设路线	
	24	您是否知道社区（行政村）或社区（行政村）工作人员联系方式？	联系方式包括电话和微信	
	25	您近 3 年参加过几次社区（行政村）组织的应急演练？	应急演练是指各级人民政府及其部门、企事业单位、社会团体等（以下统称演练组织单位）组织相关单位及人员，依据有关应急预案，模拟应对突发事件的活动	
	26	您是否参加过急救培训？	急救培训指应急救护的相关知识和技能的培训	
	27	您掌握下面哪些急救方法？	急救方法包括止血、包扎、搬运伤者、骨折固定、心肺复苏等	
备注：重点关注家庭抽样的科学合理性				

第四节　历史灾害调查

一、调查对象

历史灾害调查对象包括历史年度自然灾害灾情、重大历史自然灾害两个类型，参考调查技术规范分别为《历史年度自然灾害灾情调查技术规范》《重大历史自然灾害调查技术规范》。其中，前者主要就1978—2020年干旱灾害、洪涝灾害、台风灾害、风雹灾害、低温冷冻灾害、雪灾、沙尘暴灾害、地震灾害、地质灾害（崩塌、滑坡、泥石流）、森林火灾10个灾类进行调查。后者主要就1949—2020年洪涝灾害、台风灾害、地震灾害等对本市经济社会发展和群众生命财产安全产生较大影响的重大灾害进行调查。历史灾害调查对象基本情况见表3-35。

表3-35　历史灾害调查对象基本情况

调查类型	调查对象范围	对象层级	空间信息
历史年度自然灾害灾情	1978—2020年干旱灾害、洪涝灾害、台风灾害、风雹灾害、低温冷冻灾害、雪灾、沙尘暴灾害、地震灾害、地质灾害（崩塌、滑坡、泥石流）、森林火灾	市、区两级	—
重大历史自然灾害	1949—2020年洪涝灾害、台风灾害、地震灾害	市、区两级	—
备注： （1）历史年度自然灾害灾情统计为1张调查表/年/类，1张调查表对应1条数据。受灾状态包括“未受灾”“受灾有资料”“受灾无资料”“无此灾害”4类。“未受灾”指该区域历史上曾经遭受过此类灾害，但填报当年未遭受此类灾害影响；“受灾有资料”指该区域当年遭受了此灾害，并且有该项灾情指标相关资料，可以较为客观反映此灾害的致灾情况；“受灾无资料”指该区域当年遭受了此灾害，但该项灾情指标由于资料缺失未能如实填报，此类指标在普查系统中默认为“-9999”予以标识；“无此灾害”指该区域历史上从未遭受过此灾害（下同）。			

表 3-35（续）

调查类型	调查对象范围	对象层级	空间信息
（2）重大历史自然灾害调查为 1 张调查表/次/类，1 张调查表对应 1 条数据。重大历史自然灾害事件的判定以启动国家Ⅱ级（含）以上救灾应急响应的阈值标准为基本参考标准。受灾状态包括“未受灾”“受灾有资料”“受灾无资料”3 类			

二、调查内容

历史年度自然灾害灾情以县级行政单元为基本调查单元，调查本市 1978—2020 年的区划沿革变更情况（含区划更名、合并、拆分、新建等）、基础信息（含当年年末总人口、当年农作物播种面积、当年地区生产总值）、区域受灾情况（含当年人口受灾情况、当年农作物受灾情况、当年房屋倒损情况、当年直接经济损失情况等）。其中，区域受灾情况调查指标视灾类不同而有所差异，详见表 3-36。重大历史自然灾害以县级行政单元为基本调查单元，调查本市 1949—2020 年重大灾害事件的发生情况，包括人员受灾情况、房屋倒损情况、基础设施损毁情况、农作物受灾情况、当年直接经济损失等。经确认，截至标准时点，北京市重大历史自然灾害包括洪涝灾害、台风灾害、地震灾害 3 类。

表 3-36　历史年度自然灾害灾情调查填报指标与灾害种类对应表

序号	指标名称	干旱灾害	洪涝灾害	台风灾害	风雹灾害	低温冷冻灾害	雪灾	沙尘暴灾害	地震灾害	崩塌灾害	滑坡灾害	泥石流灾害	森林火灾
1	受灾人口	√	√	√	√	√	√	√	√	√	√	√	
2	死亡失踪人口	√	√	√	√	√	√	√	√	√	√	√	√
3	农作物受灾面积	√	√	√	√	√	√	√		√	√	√	
4	农作物绝收面积	√	√	√	√	√	√	√		√	√	√	
5	倒塌房屋户数		√	√	√		√	√	√	√	√	√	
6	倒塌房屋间数		√	√	√		√	√	√	√	√	√	

表 3-36（续）

序号	指标名称	干旱灾害	洪涝灾害	台风灾害	风雹灾害	低温冷冻灾害	雪灾	沙尘暴灾害	地震灾害	崩塌灾害	滑坡灾害	泥石流灾害	森林火灾
7	损坏房屋户数		√	√	√		√	√	√	√	√	√	
8	损坏房屋间数		√	√	√		√	√	√	√	√	√	
9	火场总面积												√
10	受害森林面积												√
11	直接经济损失	√	√	√	√	√	√	√	√	√	√	√	√

三、工作流程

（一）数据收集与填报

数据预置。通过行业部门共享以及收集地方志、救灾档案、政府档案、行业部门的统计公报等资料的方式，获取历史年度自然灾害灾情调查数据。其中，国务院普查办将 2009—2020 年（含）部分灾种、部分调查指标的数据提前预置到普查采集系统中，供市、区应急管理部门参考使用，各级应急管理部门根据实际情况进行核定、调整和修改。

整合填报。根据“自下而上汇总、逐级审核与自上而下审核”的原则，区应急管理部门负责对通过资料收集获取的历史年度自然灾害灾情有关数据进行整合填报，分年份、分灾种如实准确填写相关调查表，并经单位负责人和统计负责人审核后，完成填报；市应急管理部门负责对下级填报数据进行审核、质检、汇总。

数据审核。数据审核包含系统质检、人工质检、内业核查、重点督查等环节。各区应急管理部门负责对本级相关政府部门填报的数据进行初步审核，并针对各方发现的问题不断对数据修正完善；市应急管理部门负责对全部填报数据进行审核、质检、核查、汇总。

成果汇交。市、区两级应急管理部门对调查数据不断修正通过后，由市应急管理部门统一汇交至应急管理部。

（二）区划沿革

区划沿革指 1978—2020 年是否存在行政区划更名、合并、拆分、新建的情况，主要用于识别、确认行政区划历年受灾情况。

1. 区划更名

当前县级行政区名称为 A，若干年前名称为 B，调查县级行政区 A 的历史年度自然灾害灾情时，需将更名前的县级行政区 B 的数据纳入县级行政区 A 的时间序列中，如图 3-5 所示。

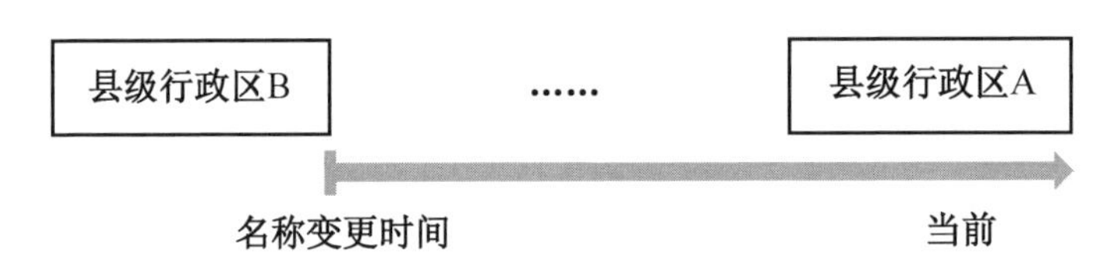

图 3-5　县级行政区名称变更示意图

2. 区划合并

当前县级行政区名称为 A，若干年前该县级行政区域由县级行政区 A1 和 A2 构成。调查县级行政区 A 的历史年度自然灾害灾情时，需将区域合并前的县级行政区 A1 和 A2 的合计值纳入县级行政区 A 的时间序列中，如图 3-6 所示。

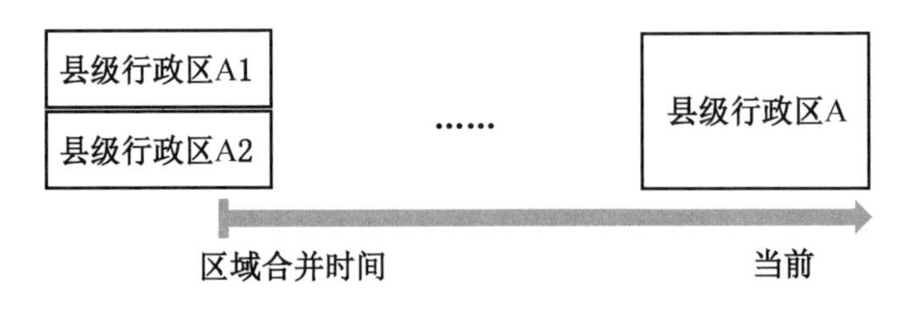

图 3-6　县级行政区合并变更示意图

3. 区划拆分

当前县级行政区名称为 A1 和 A2，若干年前上述两个县同属于县级行政区 A。调查县级行政区 A1 和县级行政区 A2 的历史年度自然灾害灾情时，需将区域拆分前县级行政区 A 的数据既纳入县级行政区 A1 的时间序列中，也纳入县级行政区 A2 的时间序列中，如图 3-7 所示。

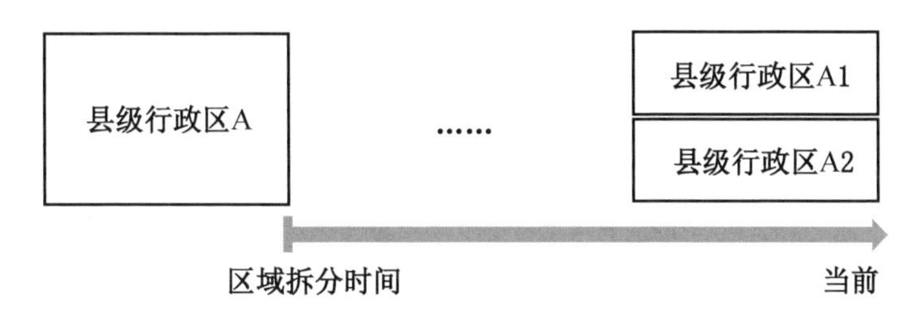

图 3-7　县级行政区拆分变更示意图

4. 区划新建

当前县级行政区名称为 A、B 和 C，若干年前县级行政区 A 由县级行政区 B 的乡镇 B1 和乡镇 B2、县级行政区 C 的乡镇 C1 和乡镇 C2 构成。调查县级行政区 A 的历史年度自然灾害灾情时，只调查到区域变更时间节点，变更时间节点前的不纳入县级行政区 A 的时间序列中。调查县级行政区 B 的历史年度自然灾害灾情时，将区域变更时间节点前的县级行政区 B 的数据纳入当前县级行政区 B 的时间序列中。调查县级行政区 C 的历史年度自然灾害灾情时，将区域变更时间节点前的县级行政区 C 的数据纳入当前县级行政区 C 时间序列中，如图 3-8 所示。

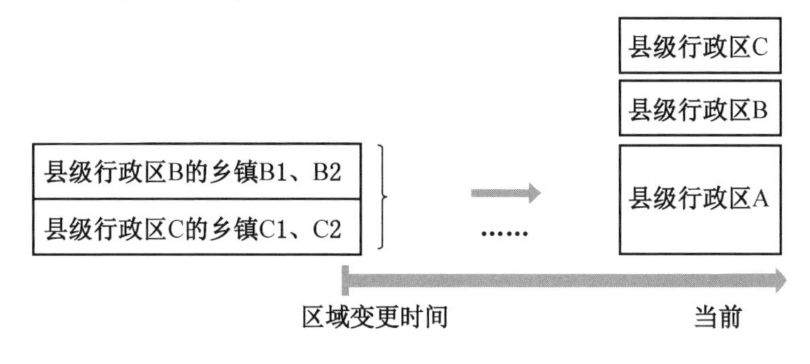

图 3-8　县级行政区新建变更示意图

四、调查指标数据来源及说明

（一）历史年度自然灾害灾情

根据要求，历史年度自然灾害灾情就区域基础信息、区域受灾情况2类，共计20项指标进行调查。各项调查指标数据来源及说明见表3-37。

表3-37 历史年度自然灾害灾情调查指标填报说明

序号	指标名称	来源资料（参考）	指标说明
01	区划名称	行政区划资料	
02	区划代码	行政区划资料	
03	区划沿革说明	行政区划资料	
04	当年年末总人口*	统计年鉴、国民经济统计资料、人口普查数据	当年年末总人口≥受灾人口≥死亡失踪人口。若死亡失踪人口>0，则受灾人口不能为-9999或0，若受灾人口无法准确获取，则可与死亡失踪人口数值一致
05	当年播种面积*	统计年鉴、国民经济统计资料、人口普查数据	（1）播种面积≥农作物受灾面积。干旱灾害除外。 （2）播种面积≥农作物绝收面积
06	当年地区生产总值*	统计年鉴、国民经济统计资料	
07	年份	统计年鉴	
08	灾害种类*	灾害灾情台账/区志/单位大事记	
09	受灾人口*	灾害灾情台账/区志/单位大事记	
10	死亡失踪人口*	灾害灾情台账/区志/单位大事记	

表 3-37（续）

序号	指标名称	来源资料（参考）	指标说明
11	农作物受灾面积	灾害灾情台账/区志/单位大事记	农作物受灾面积≥农作物绝收面积
12	农作物绝收面积	灾害灾情台账/区志/单位大事记	
13	倒塌房屋户数	灾害灾情台账/区志/单位大事记	倒塌房屋户数≤倒塌房屋间数
14	倒塌房屋间数	灾害灾情台账/区志/单位大事记	
15	损坏房屋户数	灾害灾情台账/区志/单位大事记	损坏房屋户数≤损坏房屋间数
16	损坏房屋间数	灾害灾情台账/区志/单位大事记	
17	火场总面积	灾害灾情台账/区志/单位大事记	
18	受害森林面积	灾害灾情台账/区志/单位大事记	
19	受害草原面积	灾害灾情台账/区志/单位大事记	
20	直接经济损失*	灾害灾情台账/区志/单位大事记	

备注：

（1）带有*标识的为必填项。

（2）2009年（含）后，历史年度自然灾害受灾状态不可为“受灾无资料”。

（3）2009年（含）后，受灾人口、死亡失踪人口（森林火灾除外）、倒塌房屋户数、倒塌房屋间数、损坏房屋户数、损坏房屋间数、农作物受灾面积、农作物绝收面积、直接经济损失（森林火灾除外）指标不能填写“-9999”。

（4）针对当年年末总人口、当年播种面积、当年地区生产总值3项指标，市、区级应急管理部门应分别与同级统计部门获取本级数据，按年份逐年填写数据信息，如实客观反映指标情况。由于区划变更、统计指标变更等原因使上述指标在某些年份难以获取或填报，应上传说明文件。

（5）农作物受灾面积指因灾减产一成以上的农作物的种植面积。如果同一地块的同季作物多次受灾，剔除重复受灾的面积。如果同一地块不同季农作物分别受灾，应累加统计。

（6）农作物绝收面积指农作物受灾面积中，因灾减产八成（含）以上的种植面积

（二）重大历史自然灾害

根据要求，重大历史自然灾害主要就区域受灾情况进行调查，调查指标数量随灾类变化而变化。各项调查指标数据来源及说明见表3-38至表3-40。

表3-38　重大历史自然灾害调查指标填报说明（洪涝灾害）

序号	指标名称	来源资料（参考）	指标说明
01	区划名称	行政区划资料	
02	区划代码	行政区划资料	
03	区划沿革说明	行政区划资料	
04	灾害种类	灾害灾情台账/地方志/单位大事记	
05	灾害发生时间	灾害灾情台账/地方志/单位大事记	
06	受灾人口	灾害灾情台账/地方志/单位大事记	当年年末总人口≥受灾人口≥死亡失踪人口。若死亡失踪人口>0，则受灾人口不能为-9999或0，若受灾人口无法准确获取，则可与死亡失踪人口数值一致
07	死亡失踪人口	灾害灾情台账/地方志/单位大事记	
08	紧急转移安置人口	灾害灾情台账/地方志/单位大事记	紧急转移安置人口≤受灾人口
09	农作物受灾面积	灾害灾情台账/地方志/单位大事记	农作物受灾面积≥农作物成灾面积≥农作物绝收面积
10	农作物成灾面积	灾害灾情台账/地方志/单位大事记	
11	农作物绝收面积	灾害灾情台账/地方志/单位大事记	
12	倒塌房屋户数	灾害灾情台账/地方志/单位大事记	倒塌房屋户数≤倒塌房屋间数
13	倒塌房屋间数	灾害灾情台账/地方志/单位大事记	

表 3-38（续）

序号	指标名称	来源资料（参考）	指标说明
14	损坏房屋户数	灾害灾情台账/地方志/单位大事记	损坏房屋户数≤损坏房屋间数
15	损坏房屋间数	灾害灾情台账/地方志/单位大事记	
16	受损公路长度	灾害灾情台账/地方志/单位大事记	
17	受损铁路长度	灾害灾情台账/地方志/单位大事记	
18	受损水运航道长度	灾害灾情台账/地方志/单位大事记	
19	受损机场数量	灾害灾情台账/地方志/单位大事记	
20	受损通信线路长度	灾害灾情台账/地方志/单位大事记	
21	受损通信基站数量	灾害灾情台账/地方志/单位大事记	
22	受损电力线路长度	灾害灾情台账/地方志/单位大事记	
23	受损输变电设备数量	灾害灾情台账/地方志/单位大事记	
24	受损水库数量	灾害灾情台账/地方志/单位大事记	
25	受损水电站数量	灾害灾情台账/地方志/单位大事记	
26	受损堤防长度	灾害灾情台账/地方志/单位大事记	
27	受损护岸数量	灾害灾情台账/地方志/单位大事记	
28	受损水闸数量	灾害灾情台账/地方志/单位大事记	
29	受损塘坝数量	灾害灾情台账/地方志/单位大事记	
30	受损市政道路长度	灾害灾情台账/地方志/单位大事记	
31	受损市政供水管网长度	灾害灾情台账/地方志/单位大事记	
32	受损市政排水管网长度	灾害灾情台账/地方志/单位大事记	
33	受损市政供气供热管网长度	灾害灾情台账/地方志/单位大事记	
34	毁坏非煤矿山资源数量	灾害灾情台账/地方志/单位大事记	
35	毁坏煤矿资源数量	灾害灾情台账/地方志/单位大事记	

表 3-38（续）

序号	指标名称	来源资料（参考）	指标说明
36	水产养殖受灾面积	灾害灾情台账/地方志/单位大事记	
37	直接经济损失	灾害灾情台账/地方志/单位大事记	

备注：

（1）2009 年（含）后，历史年度自然灾害受灾状态不可为“受灾无资料”。

（2）2009 年（含）后，受灾人口、死亡失踪人口（森林火灾除外）、倒塌房屋户数、倒塌房屋间数、损坏房屋户数、损坏房屋间数、农作物受灾面积、农作物绝收面积、直接经济损失（森林火灾除外）指标不能填写“-9999”。

（3）农作物受灾面积指因灾减产一成以上的农作物的种植面积。如果同一地块的同季作物多次受灾，剔除重复受灾的面积。如果同一地块不同季农作物分别受灾，应累加统计。

（4）农作物成灾面积指农作物受灾面积中，因灾减产三成（含）以上的种植面积。

（5）农作物绝收面积指农作物受灾面积中，因灾减产八成（含）以上的种植面积。

（6）重大历史自然灾害的受灾状态、受灾情况等应与同年该类年度自然灾害相一致

表 3-39　重大历史自然灾害灾情调查指标填报说明（台风灾害）

序号	指标名称	来源资料（参考）	指标说明
01	区划名称	行政区划资料	
02	区划代码	行政区划资料	
03	区划沿革说明	行政区划资料	
04	灾害种类	灾害灾情台账/地方志/单位大事记	
05	灾害发生时间	灾害灾情台账/地方志/单位大事记	
06	受灾人口	灾害灾情台账/地方志/单位大事记	当年年末总人口≥受灾人口≥死亡失踪人口。若死亡失踪人口>0，则受灾人口不能为-9999或 0，若受灾人口无法准确获取，则可与死亡失踪人口数值一致
07	死亡失踪人口	灾害灾情台账/地方志/单位大事记	

表 3-39（续）

序号	指标名称	来源资料（参考）	指标说明
08	紧急转移安置人口	灾害灾情台账/地方志/单位大事记	紧急转移安置人口≤受灾人口
09	农作物受灾面积	灾害灾情台账/地方志/单位大事记	农作物受灾面积≥农作物成灾面积≥农作物绝收面积
10	农作物成灾面积	灾害灾情台账/地方志/单位大事记	
11	农作物绝收面积	灾害灾情台账/地方志/单位大事记	
12	倒塌房屋户数	灾害灾情台账/地方志/单位大事记	倒塌房屋户数≤倒塌房屋间数
13	倒塌房屋间数	灾害灾情台账/地方志/单位大事记	
14	损坏房屋户数	灾害灾情台账/地方志/单位大事记	损坏房屋户数≤损坏房屋间数
15	损坏房屋间数	灾害灾情台账/地方志/单位大事记	
16	受损公路长度	灾害灾情台账/地方志/单位大事记	
17	受损铁路长度	灾害灾情台账/地方志/单位大事记	
18	受损水运航道长度	灾害灾情台账/地方志/单位大事记	
19	受损机场数量	灾害灾情台账/地方志/单位大事记	
20	受损通信线路长度	灾害灾情台账/地方志/单位大事记	
21	受损通信基站数量	灾害灾情台账/地方志/单位大事记	
22	受损电力线路长度	灾害灾情台账/地方志/单位大事记	
23	受损输变电设备数量	灾害灾情台账/地方志/单位大事记	
24	受损水库数量	灾害灾情台账/地方志/单位大事记	
25	受损水电站数量	灾害灾情台账/地方志/单位大事记	
26	受损堤防长度	灾害灾情台账/地方志/单位大事记	
27	受损护岸数量	灾害灾情台账/地方志/单位大事记	
28	受损水闸数量	灾害灾情台账/地方志/单位大事记	
29	受损塘坝数量	灾害灾情台账/地方志/单位大事记	

表 3-39（续）

序号	指标名称	来源资料（参考）	指标说明
30	受损市政道路长度	灾害灾情台账/地方志/单位大事记	
31	受损市政供水管网长度	灾害灾情台账/地方志/单位大事记	
32	受损市政排水管网长度	灾害灾情台账/地方志/单位大事记	
33	受损市政供气供热管网长度	灾害灾情台账/地方志/单位大事记	
34	毁坏非煤矿山资源数量	灾害灾情台账/地方志/单位大事记	
35	毁坏煤矿资源数量	灾害灾情台账/地方志/单位大事记	
36	水产养殖受灾面积	灾害灾情台账/地方志/单位大事记	
37	直接经济损失	灾害灾情台账/地方志/单位大事记	
备注： （1）农作物受灾面积指因灾减产一成以上的农作物的种植面积。如果同一地块的同季作物多次受灾，剔除重复受灾的面积。如果同一地块不同季农作物分别受灾，应累加统计。 （2）农作物成灾面积指农作物受灾面积中，因灾减产三成（含）以上的种植面积。 （3）农作物绝收面积指农作物受灾面积中，因灾减产八成（含）以上的种植面积。 （4）重大历史自然灾害的受灾状态、受灾情况等应与同年该类年度自然灾害相一致			

表 3-40　重大历史自然灾害灾情调查指标填报说明（地震灾害）

序号	指标名称	来源资料（参考）	指标说明
01	区划名称	行政区划资料	
02	区划代码	行政区划资料	
03	区划沿革说明	行政区划资料	
04	灾害种类	灾害灾情台账/地方志/单位大事记	
05	灾害发生时间	灾害灾情台账/地方志/单位大事记	

表 3-40（续）

序号	指标名称	来源资料（参考）	指标说明
06	受灾人口	灾害灾情台账/地方志/单位大事记	当年年末总人口≥受灾人口≥死亡失踪人口。若死亡失踪人口>0，则受灾人口不能为-9999或0，若受灾人口无法准确获取，则可与死亡失踪人口数值一致
07	死亡失踪人口	灾害灾情台账/地方志/单位大事记	
08	紧急转移安置人口	灾害灾情台账/地方志/单位大事记	紧急转移安置人口≤受灾人口
09	倒塌房屋户数	灾害灾情台账/地方志/单位大事记	倒塌房屋户数≤倒塌房屋间数
10	倒塌房屋间数	灾害灾情台账/地方志/单位大事记	
11	损坏房屋户数	灾害灾情台账/地方志/单位大事记	损坏房屋户数≤损坏房屋间数
12	损坏房屋间数	灾害灾情台账/地方志/单位大事记	
13	受损公路长度	灾害灾情台账/地方志/单位大事记	
14	受损铁路长度	灾害灾情台账/地方志/单位大事记	
15	受损水运航道长度	灾害灾情台账/地方志/单位大事记	
16	受损机场数量	灾害灾情台账/地方志/单位大事记	
17	受损通信线路长度	灾害灾情台账/地方志/单位大事记	
18	受损通信基站数量	灾害灾情台账/地方志/单位大事记	
19	受损电力线路长度	灾害灾情台账/地方志/单位大事记	
20	受损输变电设备数量	灾害灾情台账/地方志/单位大事记	
21	受损水库数量	灾害灾情台账/地方志/单位大事记	
22	受损水电站数量	灾害灾情台账/地方志/单位大事记	
23	受损堤防长度	灾害灾情台账/地方志/单位大事记	
24	受损护岸数量	灾害灾情台账/地方志/单位大事记	

表 3-40（续）

序号	指标名称	来源资料（参考）	指标说明
25	受损水闸数量	灾害灾情台账/地方志/单位大事记	
26	受损塘坝数量	灾害灾情台账/地方志/单位大事记	
27	受损市政道路长度	灾害灾情台账/地方志/单位大事记	
28	受损市政供水管网长度	灾害灾情台账/地方志/单位大事记	
29	受损市政排水管网长度	灾害灾情台账/地方志/单位大事记	
30	受损市政供气供热管网长度	灾害灾情台账/地方志/单位大事记	
31	毁坏非煤矿山资源数量	灾害灾情台账/地方志/单位大事记	
32	毁坏煤矿资源数量	灾害灾情台账/地方志/单位大事记	
33	直接经济损失	灾害灾情台账/地方志/单位大事记	
34	震级	灾害灾情台账/地方志/单位大事记	
35	发震日期	灾害灾情台账/地方志/单位大事记	
36	发震时间	灾害灾情台账/地方志/单位大事记	
37	震源经度	灾害灾情台账/地方志/单位大事记	
38	震源纬度	灾害灾情台账/地方志/单位大事记	
39	震源深度	灾害灾情台账/地方志/单位大事记	
40	设防烈度	灾害灾情台账/地方志/单位大事记	
41	人口密度	灾害灾情台账/地方志/单位大事记	
42	灾区 GDP	灾害灾情台账/地方志/单位大事记	
43	建筑情况	灾害灾情台账/地方志/单位大事记	
44	基础设施情况	灾害灾情台账/地方志/单位大事记	
45	宏观震中	灾害灾情台账/地方志/单位大事记	
46	震中烈度	灾害灾情台账/地方志/单位大事记	
47	受灾范围	灾害灾情台账/地方志/单位大事记	
备注：重大历史自然灾害的受灾状态、受灾情况等应与同年该类年度自然灾害相一致			

第四章　北京市自然灾害综合风险普查质量管控

第一节　质量管控的重大意义

第一次全国自然灾害综合风险普查是对我国自然灾害的一次系统性摸底、调查，普查成果将广泛而深入地应用到国土空间规划、重大战略和重大工程实施、重大决策制定等关乎防灾减灾管理与实践工作的方方面面，普查数据质量在很大程度上直接或间接决定了各项决策和举措的科学性、合理性和精准程度，是整个普查工作的生命线，事关人民群众生命财产安全。

根据第一次全国自然灾害综合风险普查总体技术体系，普查工作遵循“调查-评估-区划”的基本链条，调查是评估与区划工作的重要基础，调查数据的缺失或质量不高将直接影响评估与区划工作的开展，甚至产生错误的评估与区划结果。同时，应急管理系统调查是灾害风险普查工作的重要组成部分，调查数据质量是衡量是否高质量完成最根本、最本质的标准。

第二节　质量管控工作实施

一、质量管控模式

北京市结合应急管理系统调查实际，坚持“1+1+N”的数据质量质控模式。两个“1”分别是坚持“1个核心思想”和遵守“1项基本理念”。“1个核心思想”主要是指始终坚持以“首善标准”推动调查工作实施这一核心思想不动摇，采取有力措施，切实平衡好进度和质量这一既对立又统一的关系，坚持将高站位、高标准、一流精神、一流作风贯穿调查工作始终。“1项基本理念”主要是指坚持全过程质量闭环管控这一核心理念不松动，将质量把控关口前移，坚持“质检有反馈、反馈有整改、整改有复核”的闭环管理理念。“N”是指质量管控过程中多方共同参与，包括市普查办、区级调查部门、市区两级相关行业部门、专业技术支撑单位。

二、质量管控原则

（一）全面性原则

全面性分为完整性和填报重复。完整性包括调查对象的完整性和填报指标的完整性，重点检查填报指标是否符合必填、选填、条件必填等要求；填报重复，即对本辖区同类对象的名称、地址、标识码三者完全一致判定重复。

（二）规范性原则

规范性分为数据格式规范性和文件格式规范性。数据格式规范性包括填报指标数据类型是否符合要求（如字符型、数值型、整型、浮点型、日期型、日期时间型），字符长度、精度、选项个数的规范性（如，单选、多选、选项个数不超过××个）等；文件格式规范性包括上传文件是否符合格式要求等。

（三）一致性原则

一致性分为逻辑一致性、时间一致性、属性一致性、空间一致性。逻辑一致性包括填报指标选项间逻辑关系约束、填报指标间逻辑关系、调查表间逻辑关系等；时间一致性包括填报时间与事实一致性、填报时间的范围等；属性一致性包括表间指标的一致性，以及指标是否唯一等；空间一致性包括填报经纬度是否在调查对象边界范围内、填报地址与所填经纬度是否一致、占地总面积与填报系统根据调查对象轮廓自动计算的总面积是否相符等。

（四）合理性原则

合理性分为值域合理性、异常值合理性、空间集聚合理性。值域合理性包括填报指标是否在值域范围内等；异常值合理性包括填报数据的离群性；空间集聚合理性包括填报数据在空间分布上的集聚性等。

（五）可追溯性原则

对调查对象来说，数据来源应真实可靠，每项指标填报切实做到有依有据。

三、质量管控措施

（一）建立健全质量管控机制

1. 建立健全人员队伍保障机制

一方面是通过组织各类培训，确保调查人员能够掌握每一类调查对象的技术流程，理解每一项调查指标的内涵和核心要义，并统一全市调查口径，强化调查人员的专业技术水平，确保一手采集数据的质量。另一方面，充分发挥社会专业技术支撑单位力量，组建60余人组成的核查队伍，专项开展质检核查，全部人员均经过培训考核后持证上岗。

2. 建立健全普查数据质量追溯、问责和督办机制

加强执纪问责，各级普查办将对普查工作中违法违纪行为进行查处和通报曝光，坚决杜绝人为干预普查工作的现象，并通过《督办函》及时对质量较差的单位进行督办提醒。

3. 建立健全质量问题沟通机制

通过建立微信群、定期召开答疑视频会等形式及时对共性质量问题在全市范围内进行共享，保障进度的同时，及时修改和更正问题。

4. 建立健全既有数据复用探索机制

在清查阶段，探索利用各类统计年鉴支撑清查工作的同时，与清查成果进行比对分析，查漏补缺。在调查阶段，先后探索安全生产条件普查、地理国情普查、全市创建国家/市级综合减灾示范社区、第七次全国人口普查等数据支撑调查实施，支撑调查数据填报，支撑调查数据质检核查。

5. 建立健全统筹联动机制

建立应急管理系统调查统筹联动机制，充分发挥相关行业部门既有台账资料支撑应急管理系统调查效能的同时，最大限度动员其全流程参与调查实施与质检核查。

（二）质检核查流程

质检核查主要包括对象录入、区级质检、市级质检、市级核查、国家级质检核查等阶段，如图 4-1 所示。

1. 清查阶段

（1）清查对象质检。清查对象在清查数据填报过程中，针对填报数据的规范性、一致性、完整性，利用软件系统预制的质检规则对填报数据即填即检。

（2）区级质检。区级应急管理部门通过系统质检和人工质检两种方式对清查对象上报的数据开展质检审核。

（3）市级质检。市级应急管理部门利用清查系统开展系统质检，并会同市级相关行业部门利用既有清查对象台账对清查对象开展人工质检。

2. 调查阶段

（1）调查对象自检。调查对象在数据填报过程中，针对填报数据的规范性、一致性、完整性，利用软件系统预制的质检规则对填报数据即填即检。

（2）区级质检。区级质检的责任主体为区级应急管理部门，属地乡镇（街道）和区级相关行业部门协同配合。区级质检分为系统质检和人工质检，并分为两个阶段实施。第一个阶段是乡镇（街道）或区级相关行业部门对调查对象上报的数据分别进行系统

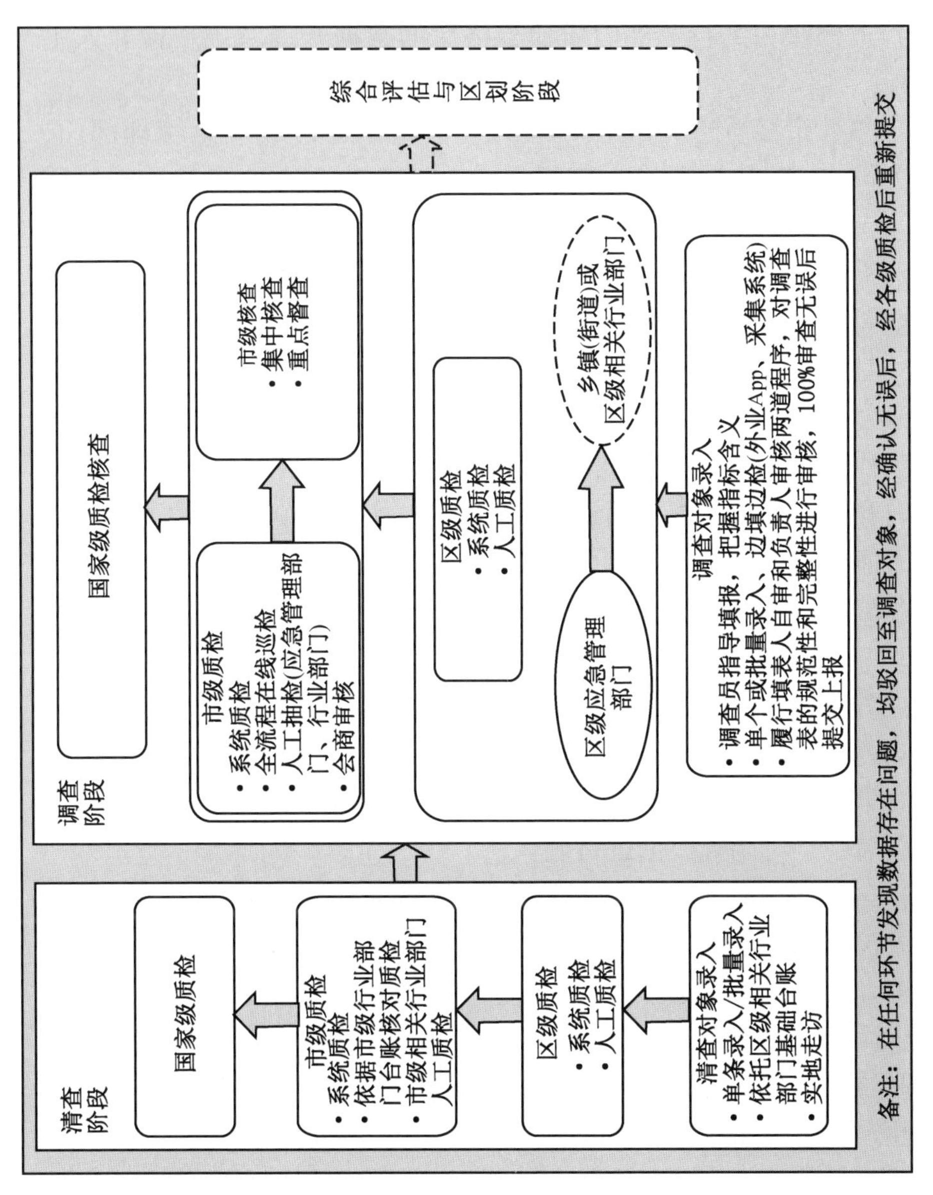

图4－1　应急管理系统调查数据质检核查流程图

质检和人工质检。第二个阶段是区级应急管理部门对乡镇（街道）或区级相关行业部门质检合格后的数据开展系统质检和人工质检。

（3）市级质检。市级质检的责任主体为市级应急管理部门，相关行业部门协同配合。市级质检分为全流程在线巡检、系统质检、人工抽检和会商审核。在线巡检主要是在调查实施过程中，每日随机对各区汇交的数据进行线上质检。在线巡检过程中，一是关注空间位置，在高德、百度等地图搜索调查对象填写地址的空间位置，对照普查系统，综合判定空间位置的合理性；二是依托内部掌握或公开可查询到的相关材料，如部门支出决算表、全市综合减灾示范社区及安全社区建设清单等多源数据资料，核对调查对象的填报内容；三是关注指标间逻辑性；四是关注值域的合理性，尤其是极大值、极小值。系统全面质检是在区级汇交调查数据后，利用普查系统内置的质检功能开展的100%全覆盖质检，要求合格率为100%。人工抽检是在系统全面质检合格后，坚持行政单位全覆盖、调查对象全覆盖的原则，按照5%的比例抽取调查对象，以人工的方式逐一对调查对象的调查指标开展质检，要求合格率为100%。会商审核是指市级应急管理部门组织相关行业部门召开调查数据质量会商会，对调查数据进行确认。

（4）市级核查。市级核查的责任主体是市级应急管理部门。市级核查分为集中核查和重点督查。其中，集中核查是指通过抽样核查方式，按照外业为主、内业为辅的原则，以及“统一协调、分步操作、分级实施”的流程开展，核实数据的真实性和准确性。外业核查主要核查调查对象空间信息的准确性和调查指标数据的正确性。利用国家层面开发的风险普查外业核查App软件，现场定位调查对象单位的空间位置，判断调查对象空间信息的准确性；通过现场走访、座谈、查阅档案等方式，对照调查表复核调查指标数据的正确性。内业核查包括检查区级应急管理部门组织相关行业部门开展调查和自检过程中的各类工作文档；检查被核查单位在开展调查工作过程中相关档案资料的完整性和调查指标数据的正确性。核查工作在坚持行政单位全覆盖、调查对象全覆盖的原则下，通过抽样确定核查对象，抽样比例为不低于 10%。市级核查的合格率要求为 95%。重点督查是针对市级核查合格率低于 95% 的区，在区级整改后，再次按照 1% 的比例进行外业核查。

第五章　北京市自然灾害综合风险普查典型经验介绍

第一节　房山试点“大会战”经验

北京市房山区是全国普查两个试点“大会战”地区之一，旨在通过试点工作开展，发现问题、完善方案、锻炼队伍、积累经验，并形成第一批试点成果，为下一步在全国范围内开展试点工作奠定基础。北京市在市级层面成立了常务副市长任组长，22 个市级部门负责同志为成员的自然灾害综合风险普查房山试点工作领导小组，办公室设在应急管理部门。应急管理部门将普查工作作为重要政治任务来抓，切实落实“看北京首先从政治上看”的要求，主要领导亲自挂帅，抽调业务骨干，组建了房山试点“大会战”工作专班，切实推进普查工作专班实体化运行，全力推进房山试点各项任务。

在这一过程中，市普查办坚持疫情防控和房山试点“大会战”“两手抓、两不误”。一方面加强工作统筹。在国务院普查办的大力支持下，自 2020 年 1 月起，会同气象、地震、自然资源（地质）、水务、园林绿化、住房和城乡建设、交通等部门和房山区政府，集中时间和力量，深入研究普查的重点难点问题，先后 45 次采取视频会议和现场形式召开国家、市、区三级对接会，明确普查的总体要求和具体任务，研究讨论各项任务的实施主体、具体内容、作业方式和成果形式。进一步压实部门和属地的责任，聚力破解调查任务中的重点难点问题，压茬推进房山试点各项工作。另一方面勇于先行先试。一是高质量编制试点实施方案。在保持市、区两级分工不变的基础上，按照任务导向的基本原则，对普查任务进行细分，明确各项普查任务的关系网、路线图和时间表，突出组织的扁平化、内容的全面性、措施的针对性和实施的时序性。明确牵头部门、具体成果形式和时间进度安排，确保各项普查任务可落地、可检验。二是注重质量控制。会同有关部门研究探索“数据比对-外业抽查-部门核验”的数据核查模式。充分利用第三方数据开展内业环节的数据比对，主要核验清查数据的规范性；组织专业的外业调查队伍开展外业环节的数据抽查，主要核验数据的准确性；依托市级行业部门开展内业环节的数据核验，主要核验数据的完整性；形成了内-外-内相结合的过程质量控制机制，确保调查数据满足标准要求。三是超前谋划北京自选动作。立足于管用好用，服务城市安全运行、应急管理和城市精细化治理等实际需要，开展了城市关键基础设施（燃气）专项研究工作，重点研究城市关键基础设施（燃气）类承灾体的综合风险普查技术流程和综合风险评估的基本方法。积极推进信息化预研工作，重点围绕数据汇总管理、涉密非涉密双网运行和成果可视化展示等内容，开展综合风险普查系统原型研究。四是完成评估与区划。主动开展评估与区划模型研究，并基于现场调查成果数据，按照实施方案给定的技术路线，定量评估地震、洪涝、干旱灾害风险，半定量评估地质和林火灾害风险，形成了 5 类单灾种的评估与区划成果；探索建立了综合减灾能力评估指标体系，形成了综合减灾能力的评估成果；探索自然地理区划方法论与灾害风险评估区划方法论有机融合的路径，完成综合风险评估与区划，以及综合防治区划，形成的一批成果，为国家建立统一的评估与区划技术规范提供了借鉴和参考。五是研究普查成果运用。坚持“边普查、边应用、边见效”工作原则，积极研究推进普查成果运用。充分考虑北京作为首都的显著特点，进一步聚焦重点区域、重要目标、重要设施的风险评估，依托评估成果编制风险目录，开展深度系统评估检查；谋划自然灾害综合风险普查成果与城市安全风险评估有机结合，建立健全首都公共安全风险评估长效机制；将重点隐患调查成果嵌入相关行业领域安全生产三年行动整治方案，提高安全隐患治理的针对性。

通过房山试点，“大会战”工作实施，形成了普查工作“房山经验”。

“1+1+6”的组织实施模式。两个“1”就是用2个方案做好普查的顶层设计，构建基础性的工作框架。用“1”个总体方案对普查的范围、内容、路线、方法、分工、实施等方面给出刚性的制度安排，从整体性和系统性两个方面全面落实本次普查的各项要求。用“1”个实施方案对普查的标准、流程、措施、进度、成果、质量等方面给出专业性的要求。“6”就是建立“统一领导、分工协作、市区联动、条块结合、资源共享、共同参与”的普查工作机制。

“2+3”的技术统筹模式。“2”就是“专业+综合”的技术统筹机制。本次普查重点在“综合”，难点也在“综合”。坚持由领导小组办公室切实担负起“综合”的责任，确保各项工作统一标准、统一调度、统一行动。以实施方案为总揽，以任务清单为载体，以实施细则为抓手，确保各项试点任务在统一的技术框架体系下开展，实现各部门数据有机融合，完成全链条的普查工作。坚持由各牵头部门发挥“专业”优势，通过分项组织、分级指导、分批调查，确保各项数据与成果的准确性、完整性和规范性。“3”就是三位一体、三级联动的技术组织模式。市、区两级分别由应急管理部门和相关行业部门分别组建技术总体组和技术分组，分别对整体技术体系和专项技术内容进行把关，并分别组建由“高校科研院所+专业技术单位+行业知名企业”组成的跨行业、懂专业、善综合的技术支撑团队，确保各项工作的科学性、可操作性和实效性。

“4+5”的任务推进模式。“4”就是“四个统一”，在任务推进中坚持统一思想、确保统一号令、保持统一标准、做到统一步调。“5”就是“五个到位”，要建立机构，确保组织领导到位；明确任务，确保责任落实到位；提前准备，确保资金保障到位；全面启动，确保宣传发动到位；强化协调，确保工作保障到位。

第二节　普查专班建设经验

一、以规范化建设为抓手，提升普查专班自转能力

普查专班的日常运转工作非常重要，只有规范化的保障机制，才能做到有序、高效、周密，才能保证普查工作部署要求顺达、畅通。

一是有序。普查专班制定了《普查专班运行规则》，以考勤制度、会议制度、公文流转制度、印章管理制度等11项制度为专班日常运转设定了基本框架。专班全体成员分季度签订《岗位建功承诺书》，根据岗位职责不同，有共性承诺、履诺措施，进一步提升专班全体同志知责、担责、履责、尽责的决心。

二是高效。普查专班积极探索普查工作的基本规律和特点，随着普查工作的推进和国务院普查办工作部署的变更，及时调整内部分工和工作节奏，坚持每日日志、每周小结，坚持双周起草呈批件并报送市普查办，坚持每周有重点工作安排、任务到人，坚持双周专班全体会议，坚持工作信息半日出、会议纪要一日发，坚持重要文件有传阅，确保做到忙而不乱、有条不紊。

三是周密。普查工作任务环环相扣，每项任务又琐碎复杂，哪一个环节、哪一个方面做不到位都会影响普查工作的全局。对于重大事项或会议活动，普查专班坚持提前谋划，事前集中研讨会商，对事项进行周密安排；事后必有复盘，对事项执行进行总结，汲取经验教训。对于重要文件起草，坚持专班工作组内部交流形成初稿，专班内部研讨形成征求意见稿，并在全市范围广泛征求意见后形成定稿的基本流程。同时，在进入行文流程前，安排专人对文件基本格式、易错字、标点符号、语句表达逻辑再次进行复核，确保万无一失。

二、始终坚持“专人、专业、专干”的工作构想

普查专班定位于市普查办的办事机构，实行实体化集中办公，具体负责普查办的业务和日常管理。普查专班运行始终坚持“专人、专业、专干”的工作构想。专人，是指普查专班的人员必须专职从事普查工作，严格遵守普查专班的各项管理制度要求；专业，是指普查专班组成人员要坚持在普查实践中不断提升专业技术水平，进而能够为全市普查工作开展提供专业水平的工作指导；专干，是指普查专班工作业务完全集中于普查工作，以保障和推进全市普查工作顺利实施为核心工作目标。

三、始终坚持“四型”专班建设工作目标

普查专班拟定并始终坚持“四型”专班建设工作目标。

一是学习型专班。普查工作对于专班每名同志都是从零开始，专班全体同志始终坚持“在干中学、学中干”。在普查前期主要是学习“普查工作做什么”，为此，全体专班同志将史培军教授的《灾害风险科学》以及国务院普查办印发的普查实施方案作为学习重点。在普查实施过程中，不断学习“普查工作怎么做”，逐一研究普查技术规范，了解具体的指标内容，挖掘指标设置的用意和内涵；创造机会，将防灾减灾领域专家学者请进门，面对面地进行悉心交流和请教；积极参加国务院普查办组织的各类培训和技术交流，多数同志均取得了国务院普查办颁发的综合评估与培训业务考核合格证书。在普查工作取得阶段性进展后，注重学习“普查成果怎么用”，定期组织普查技术组专题会，开展普查成果的集中交流，对普查成果应用进行头脑风暴。同时，专班定期组织召开集体学习会，学习党中央、国务院重要政策文件，习近平总书记重要讲话精神，确保政治理论素养提升与业务能力水平提高相互促进。

二是服务型专班。始终本着做好全市普查工作服务保障的理念来推进和开展各项工作，注重通过实地调研、全过程参与、信息收

集与汇总准确把握普查全局情况，及时掌握普查问题和进展，为市普查领导小组正确决策提供参考，同时也确保全市普查工作一盘棋、一台戏。对上，积极主动与国务院普查办各工作组对接交流，掌握普查工作最新工作要求和工作动态。虚心向国务院普查办技术组专家进行请教，解决技术方面的困惑和难题。对市级行业部门，强化工作统筹协调，凝聚工作合力，共同推进解决普查工作存在的困难和问题。对区级，广泛动员，送培训上门、送技术指导上门，定期答疑、实时解惑。

三是创新型专班。普查专班在房山试点“大会战”期间先行先试，组织探索了评估与区划工作模式。在全面调查阶段，结合本市实际，推进在市级、区级、乡镇（街道）级设置普查工作机构，实现普查组织机构全覆盖。充分借鉴和吸纳人口普查、经济普查、农业普查“两员”队伍体系建设经验，推进构建全市普查指导员和普查员队伍，为全国普查队伍建设工作积累经验。

四是人文型专班。普查专班始终将人文关怀工作作为提升团队凝聚力和战斗力的重要手段。多方协调，争取专门的办公场所；专班负责同志定期与专班成员进行谈心谈话，了解专班成员思想动态，解决工作、学习、生活困难。每年年终向专班同志原单位致感谢信，对专班同志工作成果进行书面肯定；组织专班同志进行秋游等团建活动，丰富专班同志业余生活。对因疫情防控原因，在春节等传统节日无法返乡的专班同志，专班负责同志带队上门进行慰问关怀；对因特殊原因，即将离开专班的同志，进行集体欢送；每名专班同志在生日当天都将收到专班全体同志的集体祝福等。

第三节　区级调查工作经验

一、精细化调查工作组织模式

北京市某区制定了翔实的外业调查方案，坚持“进一次门、见一次面”的基本原则，坚持调查、核查工作一体化推进，从空间、类型、时段三个维度上对调查对象进行科学划分，提升人力、财力等调查资源利用，降低对广大市民的影响。在空间上，将全部调查对象按照就近原则，细分单元网格；在类型上，对空间上划分的单元网格中的调查对象再次进行类型上的划分；在时段上，提前与调查对象进行沟通对接，科学合理安排调查路径。各单元网格间实行调查组长负责制，在加强内部统筹安排的同时，加强与相邻、相近网格的衔接，共同推进调查工作高效实施。

二、1+1+1 和 1&N 外业核查对接模式

北京市某区在外业核查对接中，制定 1+1+1 和 1&N 现场对接模式。1+1+1，即 1 人对接疑似问题（根据问题清单，询问调查对象相关调查数据）、1 人记录（记录调查对象答疑情况与现场异议，形成核查记录表）、1 人进行点位面状信息确定（利用普查手机软件实时定位，核实点位与绘制空间面状信息），确保核查工作分工明确，同步进行，高效开展。1&N，即 1 人对接 N 个同类调查对象（如 1 人对接所有学校、1 人对接所有医院），分析共性问题，制定精准解决方案。

三、“三查一验”数据质控模式

北京市某区本着“重视普查成果，更重视普查过程”的理念，摸索形成“三查一验”即调查对象自查、行业部门核查、区普查办公室复查并审核验收的数据质控模式。强化数据填报源头控制，压实填报单位责任。高度重视外业核查工作，积极动员属地人员及行业主管部门负责同志共同参与，实地前往各填报单位进行指标项与原始资料的核对，并对核对后的纸质调查表盖章存档，加强数据审核把关。

附录　自然灾害普查相关概念

一、自然灾害

由自然因素造成人类生命、财产、社会功能和生态环境等损害的事件或现象，包括地震灾害、地质灾害、气象灾害、洪涝灾害、干旱灾害、海洋灾害、森林和草原火灾等。

二、历史灾害

1. 受灾人口

因自然灾害遭受损失的人数。

2. 死亡失踪人口

因自然灾害直接导致死亡和下落不明的人数。

3. 农作物种植面积

实际播种或移植有农作物的面积。凡是实际种植农作物的面积，不论种植在耕地上还是种植在非耕地上，均包括在农作物种植面积中。在播种季节基本结束后，因遭灾而重新改种和补种的农作物面积也包括在内。

4. 农作物受灾面积

指因灾减产一成以上的农作物的种植面积。如果同一地块的同季作物多次受灾，剔除重复受灾的面积。如果同一地块不同季农作物分别受灾，应累加统计。

5. 农作物成灾面积

农作物受灾面积中，因灾减产三成（含）以上的种植面积。

6. 农作物绝收面积

农作物受灾面积中，因灾减产八成（含）以上的种植面积。

7. 干旱灾害

指一个地区在比较长的时间内降水异常偏少，河流、湖泊等淡水资源总量减少，对群众生产、生活（尤其是农业生产、人畜饮水和吃粮）造成损失和影响的灾害。

8. 洪涝灾害

指因降雪、融雪、冰凌、溃堤（坝）、风暴潮等造成的江河洪水、渍涝、山洪等，以及由其引发的次生灾害。包括江河洪水、山区洪水、冰凌洪水、融雪洪水、城镇内涝等亚种。

9. 台风灾害

指热带或副热带海洋上发生的气旋性涡旋大范围活动，伴随大风、巨浪、暴雨、风暴潮等，以及由其引发的次生灾害，对人民生命财产、社会功能等造成损害的自然灾害。

10. 风雹灾害

指强对流天气引发的大风、冰雹、龙卷风、雷电等所造成的灾害及由其引发的次生灾害，对人类生命、财产、社会功能等造成损害的自然灾害。包括大风、冰雹、雷电等亚灾种。

11. 低温冷冻灾害

指气温降低至影响作物正常生长发育，造成作物减灾绝收，或因低温雨雪造成结冰凝冻，致使电网、交通、通信等设施设备损坏或阻断，影响正常生产生活的灾害。

12. 雪灾

指因降雪形成大范围积雪，严重影响人畜生存，以及因降大雪造成交通中断，毁坏通信、输电等设施的灾害。

13. 沙尘暴灾害

指强风卷起大量沙尘导致地面能见度小于 1 km，造成生命财产损失的自然灾害。

14. 地震灾害

指由地震引起的强烈地面振动及伴生的地面裂缝和变形，使各类建（构）筑物倒塌和损坏，设备和设施损坏，交通、通信中断和其他生命线工程设施等被破坏等造成人员伤亡、财产损失和社会功能破坏的灾害。

15. 地质灾害

指因自然因素引发的危害人民生命和财产安全且与地质作用有关的灾害，包括崩塌、滑坡、泥石流、地面塌陷、地裂缝、地面沉降等亚灾种。

16. 森林和草原火灾

指在森林、草原燃烧中失去人为控制，对森林或草原产生破坏作用的一种自由燃烧现象所导致的灾害。

三、减灾能力

1. 政府减灾能力

市、区两级政府在管理、工程设防、监测预警、物资储备、专业队伍救援（包括综合消防和政府与企事业专职消防、森林消防、航空护林、地震救援、矿山/隧道救援、危化/油气救援、海事救援）、转移安置方面具备的能力。

2. 企业减灾能力

大型救灾装备生产企业、大型工程建设企业、大型采矿工程企业在灾害应急救援方面的能力，以及保险和再保险企业参与防灾减灾救灾的各种能力。

3. 社会组织减灾能力

社会组织在应急物资储备、应急运输、应急救援和科普宣传方面的各种能力。

4. 乡镇（街道）减灾能力

乡镇（街道）在灾害管理（应急预案、风险评估、资金投入）、防灾备灾（物资储备、医疗保障）、自救互救（专业和志愿者队伍、公众避险、转移安置）方面具备的各种能力。

5. 社区（行政村）减灾能力

社区（行政村）在灾害管理（应急预案、隐患排查、风险评估、资金投入）、防灾备灾（物资储备、医疗保障）、自救互救（志愿者队伍、公众避险、转移安置）方面具备的各种能力。

6. 家庭减灾能力

家庭在防灾物资储备、灾害信息获取、灾害自救互救等方面具备的能力。

7. 综合减灾能力

在某层面上可用于防灾减灾救灾过程的各方面能力共同作用所形成的总能力。

参 考 文 献

[1] 国务院第一次全国自然灾害综合风险普查领导小组办公室. 公共服务设施调查 [M]. 北京: 应急管理出版社, 2021.

[2] 国务院第一次全国自然灾害综合风险普查领导小组办公室. 非煤矿山自然灾害承灾体调查 [M]. 北京: 应急管理出版社, 2021.

[3] 国务院第一次全国自然灾害综合风险普查领导小组办公室. 危险化学品自然灾害承灾体调查 [M]. 北京: 应急管理出版社, 2021.

[4] 国务院第一次全国自然灾害综合风险普查领导小组办公室. 综合减灾能力调查 [M]. 北京: 应急管理出版社, 2021.

[5] 汪明. 第一次全国自然灾害综合风险普查总体技术体系解读 [J]. 城市与减灾, 2021 (2): 2-4.

[6] 汪明. 全面认识第一次全国自然灾害综合风险普查的重要价值 [J]. 中国减灾, 2021 (11): 22-25.

[7] 汪明, 李志雄, 史培军. 全面推进第一次全国自然灾害综合风险普查着力提升防范化解重大灾害风险能力 [J]. 中国减灾, 2021 (9): 18-21.

[8] 闪淳昌, 周玲, 秦绪坤, 等. 我国应急管理体系的现状、问题及解决路径 [J]. 公共管理评论, 2022 (2): 5-20.

[9] 高小平, 刘一弘. 应急管理部成立: 背景、特点与导向 [J]. 行政法学研究, 2018 (5): 29-38.

[10] 阎军. 谋早抓细多措并举北京市扎实推进自然灾害综合风险普查工作 [J]. 中国减灾, 2020 (22): 23-27.

[11] 封光. 摸清灾害风险隐患底数　提升风险适应性与抗灾力——奋力谱写风险普查的北京篇章 [J]. 中国减灾, 2021 (20): 27-29.

[12] 张晓峰, 赵雪. 北京: 高质量完成应急管理系统调查任务 [J]. 中国减灾, 2022 (15): 32-33.

[13] 闫静, 赵雪. 探索建立“两员”制度　助力灾害风险普查 [J]. 中国减灾, 2021 (24): 38-41.